彩叶植物图鉴

［日］荻原范雄○主编　　　药草花园　陆蓓雯○译

长江出版传媒
湖北科学技术出版社

【主编】 荻原范雄

从 1980 年就开始销售珍稀宿根植物和树木的
"荻原植物园"园艺店的店长。除了经营园艺店
之外,还是一位园艺作家,主编了多本园艺图书,
同时也长期为各大园艺杂志撰稿。

图书在版编目(CIP)数据

彩叶植物图鉴 / (日) 荻原范雄主编;药草花园, 陆蓓雯译.
—— 武汉:湖北科学技术出版社, 2019.8
ISBN 978-7-5706-0684-9

Ⅰ. ①彩… Ⅱ. ①荻… ②药… Ⅲ. ①园林植物 – 图
集 Ⅳ. ①S68–64

中国版本图书馆CIP数据核字(2019)第080018号

彩叶植物图鉴
CAIYE ZHIWU TUJIAN

责任编辑:张丽婷
封面设计:胡 博
责任校对:傅 玲
督 印:朱 萍
出版发行:湖北科学技术出版社
地 址:武汉市洪山区雄楚大道268号
　　　　(湖北出版文化城B座13~14楼)
电 话:027-87679468　邮编:430070
网 址:www.hbstp.com.cn
印 刷:武汉市金港彩印有限公司　邮编:430023
开 本:787×1092　1/16
印 张:8.75　字数:180千字
版 次:2019年8月第1版
印 次:2019年8月第1次印刷
定 价:49.80元

本书如有印装质量问题,可找本社市场部更换

Contents

叶色闪耀的
美丽庭院

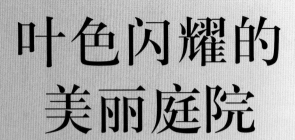

近年来，越来越多叶片富有特色的植物受到了
人们的关注。下面，让我们先一起来欣赏一些热爱
叶色之美的园艺师建造的精彩作品。

（森明子家）

Beautiful
Leaf
garden

案例

Case 1
Beautiful
Leaf
garden

和白色住宅交相辉映的
绿色渐变庭院

——森明子

1. 金边花斑的丝兰的金黄色叶片像亮光一样给植株增添了光彩。
2. 四照花带银边的叶片和紫叶蓼的古铜色叶片搭配得非常美妙。

金黄的叶色是
让植栽显得轻盈的秘诀

这座庭院以"光和影"为主题，在具有一定光照度的阴暗处，大量种植了叶色和环境充分协调的植物，如色泽明亮的金叶金合欢、小叶的六月莓。

铜色叶片、花斑叶片……富于变化的叶片笼罩在树下柔和的光照中，为庭院带来光与影的表演。

"在形态丰富的叶片中，种上花叶的丝兰和露草，以及金黄色叶片的植物，让植栽变得不那么沉重。"森小姐说。

枝条略微下垂的金叶金合欢和其他的黄叶植物成为轻盈的亮点，给庭院带来清新的点缀。

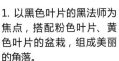

1. 以黑色叶片的黑法师为焦点，搭配粉色叶片、黄色叶片的盆栽，组成美丽的角落。
2. 金叶紫露草'甜蜜凯特'细长的叶片随风飘拂，让人心情愉悦。
3. 叶色随着气温和日照而变化的新西兰麻'彩虹皇后'，给庭院带来了微妙的变化。

Beautiful
Leaf
g a r d e n

1. 建筑侧面的阴地花园，古旧风格的砖头故意弯弯曲曲地排列，保证了植栽的区域。
2. 紫色的齿叶橐吾'克劳馥'为植栽增添了别致的色彩。
3. 带有花纹的地砖作为点缀，提升了气氛。姿态富于野趣的紫叶过路黄'午夜阳光'和石材的搭配非常出色。
4. 用石头堆成低矮的挡土墙，是园路旁边的彩叶植物的绝好背景。

+α *idea* 杂货运用
也很讲究

1. 线条纤细的拱门搭配纤细的金银花藤蔓恰到好处。
2. 经过多年时光浸润的牛奶罐和鸟笼，让绣球和玉簪显得愈发鲜艳，脚下铺设的古旧地砖，搭配起来十分协调。
3. 阴处窗旁的架子上摆放了白蔷薇，与墙面上覆盖的川鄂爬山虎对比鲜明。

苦楝树'夏日巧克力'的深色叶片,为花园小径增添了纵深感,更加突显出作为视线焦点的花园小屋。

用盆栽装点的露台

——宅间美津子

从凉棚下面的最佳座席看出去的风景，所有植物都郁郁葱葱，完全看不出是盆栽的，而是像一座繁茂的观叶花园。

白色的住宅搭配绿色的露台

以绿意盎然的树林为背景的 78m^2 的露台，主人在这里倾心打造了一座小花园。

由于没有地栽的空间，所有植物都盆栽。用花架制造出高低差，再巧妙搭配大小不同的花盆，形成了以彩叶植物为主角的盆栽花园。

植物的种类很丰富，单是玉簪就有 20 种以上。大花盆的托架带有轮子，便于移动。主人一边观察叶片之间的协调感，一边进行微调，让花园的完成度更高。

这座露台可以说是只用盆栽来打造彩叶花园的范本。

叶色翠绿的玉簪、金黄色叶片的荷包牡丹、铜色叶片的矾根组合在一起，形态丰富可爱。

1. 树木也种植在大型的容器里，小花盆则放在架子或椅子上展示。从目光所及的位置到地面都用盆栽和谐地装饰起来，把露台打扮得生机勃勃。

2. 彩叶花园中开花植物较少，作为重点观赏的花卉是紫色的绣球。

3. 白色的绣球'安娜贝尔'，成为空间里赏心悦目的焦点。

4. 用玉簪和斑叶大吴风草打造大型的组合盆栽。仿佛流溢出来的叶片掩盖了容器的存在。

5. 叶形和叶色不同的多肉比邻而居，交相辉映。

6. 高度不同的植物搭配在一起制造出错落感，形成自然的起伏，如地栽花园的小径一般演绎出流畅的弧度。

+α
idea

带有轮子的托架非常容易移动

种植了绣球'安娜贝尔'的花器及组合种植了美国薄荷、银芒大麦、绣球的铁皮盆，下面都装置了带轮子的托架，方便移动，可轻松改变造型。

Case 3

Beautiful
Leaf
garden

自然得体的
彩叶植物运用
—— 高桥水惠

1. 墙面爬满薜荔，形成古朴的氛围。装饰品和花盆归拢到一起，更显雅致。

2. 小道边是郁郁葱葱的花叶络石和细叶麦冬。放上一只种着圣诞玫瑰的花盆，增添了可爱的感觉。

利用妙趣横生的硬件和杂货
打造绿意盎然的美丽画面

　　一踏入高桥太太打造的草本花园，就可以看到数个吸引目光的优雅物件，仿佛进入园艺书里的世界。

　　这里大部分都是高桥太太设计，高桥先生DIY的作品。园子里绿荫笼罩的是四照花等落叶树木，加上攀爬在墙面的叶片和在建筑物下方蓬勃生长的植物，使这个手工打造的"舞台"被绿色包围了。

　　如果只有一种绿色容易显得苍郁，主人又点缀了古朴的椅子和装饰品，再加上随手种植的月季和铁线莲造就的高低变化，营造出处处可见怀旧感的氛围。

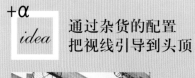

+α
idea 　通过杂货的配置
把视线引导到头顶

悬挂在高处的杂货，将观赏者的视线吸引到繁茂的树木上，从上到下都是绿意盎然的空间。

1. 古旧的椅子和玫瑰'伊芙琳'造就优美的景色，脚下是可爱的铙钹花。2. 爬满常春藤的栅栏作为充满趣味的背景，前面放上独轮车，增添了故事性。3. 花斑叶的玉簪仿佛覆盖到小路尽头，实现了植物与小路的完美融合。4. 通向庭院的楼梯上放置了各种花盆和装饰品，盆中的绿植把不同风格的物件有机地糅合在一起。

Beautiful
Leaf
garden

丰富的植物品种
打造充满个性的前院

——M·T

玄关前面的小空间也被做成了栽植区，黑法师为主角，下方是银色、绿色叶片的多肉植物组合，令人印象深刻。

植物、色彩的搭配极具特色
实现了魅力十足的立体景致

作为主角的植栽空间，长 2.5m，宽 1m，将高大树木和低矮树木用彩叶植物有效地连接起来，造就了立体的景致。枝条横向伸展的树木把所有植物串联起来。蓝花楹、柽柳'玫瑰'、紫叶李等叶色独特的中高树木，掌状叶片的栎叶绣球、圆形紫叶的烟树'皇家紫'等低矮树木让空间充满色彩和乐趣。树下是花斑叶的八角金盘和银色叶片的蜡菊，增添亮彩，让整体观感更为轻盈。

1. 排列在玄关屋顶上的盆栽植物，和前院的柽柳'玫瑰'、蓝花楹交融在一起，把白色墙壁装点得熠熠生辉。
2. 铜色、金黄色、银色叶片的低矮树木相互映衬，勾勒出起伏变化的景致。
3. 朱蕉、紫叶李的铜色叶片，有效地将植物聚焦，让栎叶绣球的花朵显得更加醒目。

+α
idea
秋季也可以欣赏的叶色效果

1. 栎叶绣球的掌叶颜色变红，带来微妙的秋意。绿叶和铜色叶片也变得柔和。
2. 各种叶形和叶色的植物种在一起，竞相比美。黄色的叶片增加了厚重感，让前院花园更有秋日的感觉。

大量叶片的运用
让空间充满绿意

——M·Y

主人仿佛是为了突出叶片的美丽色彩，选择了白色桌椅。
白和绿的搭配，形成富有一体感的空间。

把植物数量控制在最小限度
打造低维护花园

在上方伸展枝叶的金叶金合欢、小叶的光蜡树，给庭院投下柔和的阴影。地面铺设了灰色的石块。被白色高墙包围的空间，虽然是公寓的中庭，但看起来很私密。白色墙壁上各种各样的绿叶呈现微妙的颜色差异，让叶片的造型更加鲜明地呈现出来。川鄂爬山虎等藤本植物、栎叶绣球这类叶形独特的植物，是构成油画般景致的重要元素。以单调的白墙为背景，主人尽量控制植物的数量，造就了不需多少人工维护的绿叶花园。

壁炉造型的架子，配以纹样细腻的古典风格建材和均匀摆放的各式大小的盆栽，再加上川鄂爬山虎绘出的美妙曲线，仿佛一幅静物画。

+α
idea

木格赋予植物
更美的造型

牵引藤本植物的木格，是为
庭院施工的公司制作的。简
单的设计、低调的灰色，让
这个木格和素雅的庭院风格
很搭。

1. 延伸到主花园的小径铺设了灰色
石块。在路边种了千叶兰等地被植
物，提升了氛围。
2. 以设计感很强的隔断墙为背景，
随手打造的植栽空间更有韵味。
3. 主人充分考虑了大型装饰窗映出
的景色，从室内也可以看到美丽的
叶色。

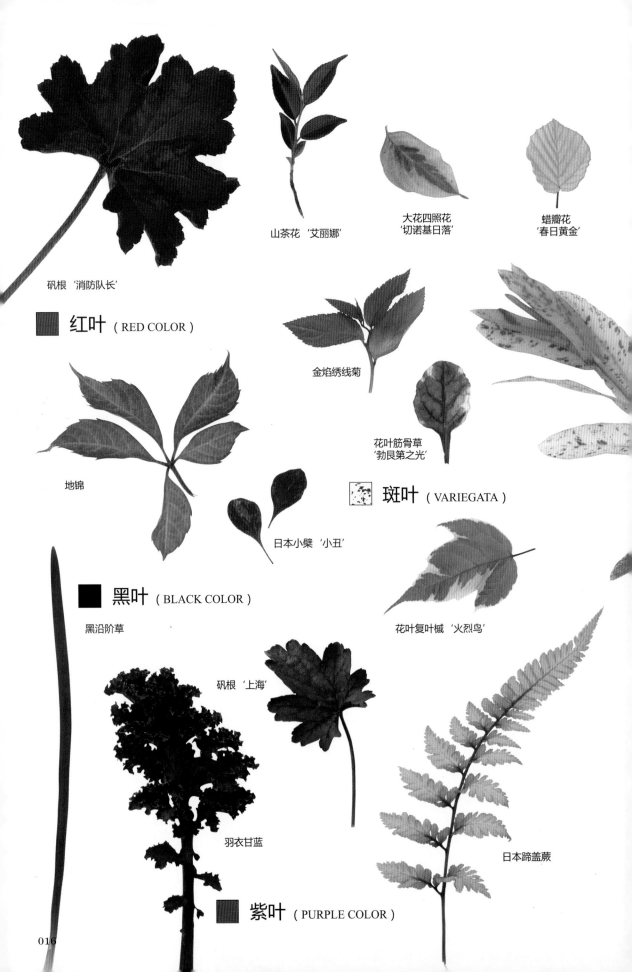

矾根 '消防队长'

■ 红叶（RED COLOR）

山茶花 '艾丽娜'

大花四照花
'切诺基日落'

蜡瓣花
'春日黄金'

金焰绣线菊

地锦

花叶筋骨草
'勃艮第之光'

日本小檗 '小丑'

■ 斑叶（VARIEGATA）

■ 黑叶（BLACK COLOR）

黑沿阶草

花叶复叶槭 '火烈鸟'

矾根 '上海'

羽衣甘蓝

日本蹄盖蕨

■ 紫叶（PURPLE COLOR）

多姿多彩的叶片

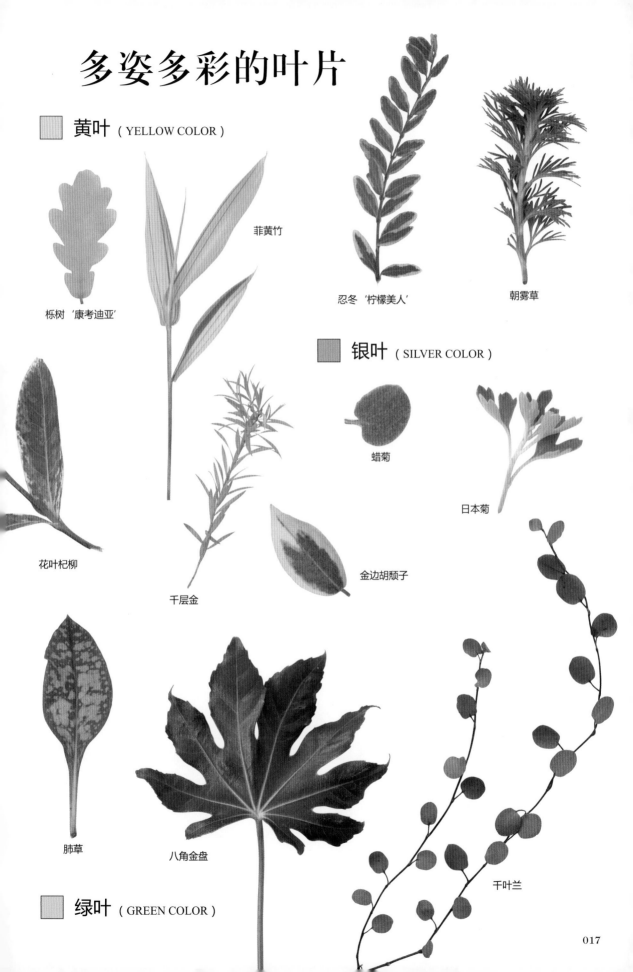

黄叶（YELLOW COLOR）

栎树 '康考迪亚'

菲黄竹

忍冬 '柠檬美人'

朝雾草

银叶（SILVER COLOR）

蜡菊

日本菊

花叶杞柳

千层金

金边胡颓子

肺草

八角金盘

千叶兰

绿叶（GREEN COLOR）

巧妙运用叶片的
搭配课程

在这里，我们为大家介绍在庭院中有效运用叶片的方法。

STUDY

充分发挥
叶片的特色

　　无论种植哪种植物，都是在一年中的特定一段时间才能够欣赏到花开，大部分时间都是只有叶片的状态，所以叶片对庭院的观感影响是很大的，要精心选择。其实，叶片组合搭配的基本原则和花一样，根据颜色、形状、质感的不同，进行品种选择。

　　将颜色鲜艳的叶片作为焦点，不同形状和质感的叶片放在邻近的位置，这样的对比搭配非常重要。通过巧妙地组合叶片，可以在庭院里造就完全不同的氛围。

颜色 Color

红色 ~ 褐色

红是绿的对比色，组合在一起可以产生强烈的对比，演绎出个性化的景色。褐色系则可营造沉稳的氛围。

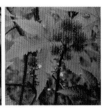

黄色 ~ 橙色

鲜艳的黄色叶片，赋予景观强烈的美感，橘黄色叶片则带来温暖感，在创造个性化植物群落时是非常不错的选择。

银色～蓝绿色

这个组合色温较低，会产生像积雪覆盖一样的效果，让植物群落有一种收缩的冷酷感，给人宁静的印象。

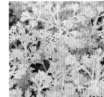   

紫色～黑色

深色系有向内收缩的感觉，会产生纵深效果。此外，深色系叶片也有一种厚重感，所以少量添加会有收缩景致的效果。

花叶

白色、黄色的花斑叶片，给景观带来明亮和轻盈的感觉。花叶植物不耐受强光，比较纤弱，栽培时要注意。

形状 Shape

卵形

掌形

细叶（小圆叶）

羽叶

剑形

细叶（细长叶）

椭圆形

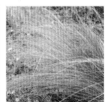
针形

质感 Texture

硬（有光泽）

厚（哑光）

毛茸茸

凸凹、毛糙

薄

学习组合的范例

　　叶片组合的最大要点是相同形状、颜色、质感的植物不要放在相邻位置。组合不同叶片的植物，造就富于变化的景色。不刻意追求新奇独特，打造自然随意的变化是关键。一起来创造富有层次感和纵深感，令人印象深刻的景致吧！

1

同色系
富有统一感

斑叶绣球等低矮树木的下方，种了柔和的绿叶植物，色彩变化少，但因为使用了大小不同的叶片，形成了独特的观感（斑叶绣球、天使泪、全缘叶贯众、玉簪 '金头饰'、花叶扶芳藤等）。

2

通过撞色
制造韵律感

左/深浅不同的绿叶中，黄绿色的矾根增加了明亮度（玉簪 '爱国者'、矾根 '柠檬'、彩叶画蕨、圣诞玫瑰等）。
右/青翠的树木映衬着枫树的红叶，给风景制造出纵深感（枫树、玉簪 '寒江河'、箱根草等）。

3

对比色
造就深刻的印象

铜色叶片与黄色叶片的组合令人印象深刻。

左/紫叶风箱果、金叶蚊子草、野草莓'金色亚历山德拉'、橐吾'午夜女士'等。

右/日本小檗'紫叶'、岷江蓝雪花、紫叶酢浆草等。

4

色调统一
深浅混搭

将深浅不同的同色调彩叶植物组合起来，形成静谧的变化。

上/花斑叶大吴风草、矾根'紫色宫殿'、箱根草、彩叶蕨等。

下/玉簪'寒河江'、新西兰麻、可乐薄荷'花叶'等。

5

添加花朵更醒目

在叶片的组合中添加少量的玫瑰花，提亮了色彩。

左/玫瑰、玉簪'金边'、金丝桃'金色湄公'、矾根'紫色宫殿'、细叶十大功劳等。

右/玫瑰、紫叶金合欢、紫叶风箱果、金叶箱根草、玉簪'金边'等。

通过叶片组合来营造异国情调

植物营造出的感觉，会让人联想到原生地的风景。生长在干旱地区和热带地区的植物的形态富有特色，巧妙运用这种特点，可以营造出令人印象深刻的风景。

Dry

干旱地带景观

**大戟提升了
岩石园的野趣**

在石缝间种植螺旋叶大戟，尖尖的叶片让人想起荒凉的大地，开花时更有看点。

**银叶与黄斑叶
组成华丽的二重唱**

金合欢'蓝色灌木'的背后，花叶夹竹桃跳脱出来。它们的花期不同，可以在不同时期欣赏。

**富有个性的植物
演绎出山岳地带的
趣味**

铺上大块石头，种上凤梨和龙舌兰属的植物，非常有个性，前面是匍匐百里香。

**颜色和形状不同的多肉植物
装饰了角落**

淡绿色的龙舌兰、紫叶鸭跖草和薹草组合在一起，酝酿出别致的氛围。

**仿佛装饰雕塑一般的存在感
令人印象深刻**

刚硬的金边丝兰搭配脚下柔软的小叶片，更突出帅气的造型。

Tropical

热带风情

不同的植物
形成生机勃勃的画面

朱蕉、蒽力花、鹤望兰等盆栽，组成妙趣横生的画面。丰盈的绿色演绎出热带风情。

繁茂的大叶片
营造绿意盎然的
风景

略带红色的美人蕉存在感出众，群植后演绎出别致的风景。

在单调的植栽里
加入起伏变化

在繁茂的绿色植物中，加入色彩艳丽的叶片作为焦点。
上 / 彩叶草、黄斑叶麦冬。
下 / 红叶马蓝、香彩雀等。

夏日庭院用红色调统一
形成成熟的搭配

为了与紫叶槭葵的紫红色叶片相呼应，周围种上了铁苋菜，形成个性十足的夏日植物群落。

制造高低差
打造对比感

此处种植了高度不同的朱蕉植株。青翠的迷迭香、红叶的彩叶草，把朱蕉衬托得气势十足。

和杂货组合
以提升氛围

如果只有植物，即使致力于打造变化感，也可能沦为单调的观叶花园，这种时候就需要恰到好处地添加一些杂货，调节景观的氛围。

**将情绪添加到画面中
带来故事性**

从石缝里钻出的彩叶络石、日本蹄盖蕨、老鹳草等植物，好像快要覆盖车轮，为花园带来故事感。

**生锈的铁艺杂货
和彩叶非常搭配**

大戟、蓼科植物蔓延的枝叶中间搭配了一个生锈的铁艺杂货，显现出古旧的趣味。

**木架为肆意伸展的植物
加上自然感**

以白色墙壁为背景的展示角落，点缀着矾根、常春藤和铁线莲‘舞会’的青枝绿叶。

**缠绕的藤蔓
让杂货更好地融入画面**

古旧的铁艺门上攀缘着金银花，如法国乡村一隅。

**为荫翳花园
添加一抹亮彩**

生长着日本蹄盖蕨、石菖蒲等植物的荫翳处。随手放一把蓝色水壶，成为精彩的亮点。

IDEA 3

组合成盆栽来欣赏

组合盆栽即使只用观叶植物也可以实现非常精彩的效果。虽然稍逊华美，但沉稳的氛围令人着迷，而且还十分便于打理。

映衬绿叶的
锈色铁艺挂篮

古旧的铁艺挂篮里面种植着四种观叶植物，简单而又有时尚感。

材料：黑龙麦冬、马蹄金'银瀑'、百里香'福克斯利'、过路黄'午夜阳光'。

富有特色的叶片
装扮了荫翳处

雷克斯海棠深裂的叶片非常有特色，让整个花篮都显得成熟稳重。过路黄添加了些许亮色。

材料：雷克斯海棠、矾根'可可'、砂糖藤、金叶过路黄、千叶兰。

闪光的红色叶片
如花朵般华丽绽放

彩叶草的红色叶片很有个性，可搭配成艳丽的组合，箱根草、野葡萄的鲜润叶片与它形成美妙对比。

材料：彩叶草、落新妇'巧克力'、箱根草、鸡冠花、野葡萄。

渐变的绿色
充满通透感

深浅不一的莱姆绿色，向四周舒展的枝叶，令组合既通透又自然。

材料：聚星草'银色阴影'、微型月季'胡椒薄荷'、帚石楠、山小橘'绿心'、大戟'金色彩虹'、肺草、常春藤、过路黄'丽西'、忍冬'柠檬美女'。

植物和花器
形成美妙的组合

绿色与深紫色的蓬松组合，与芥末黄色的花器相得益彰，令人印象深刻。

材料：彩叶草'冷紫'、墨西哥甜舌草、虾钳菜、薜荔、本州景天、金叶忍冬、阔叶铁线蕨。

形态丰富的组合
为空间增添无限绿意

轻盈飘逸的叶片、色泽鲜艳的叶片、垂吊的叶片，不同形态的叶片组合在一起，形成变化丰富的挂篮。

材料：铁线蕨、五色竹、金叶瑞典常春藤、常春藤、草胡椒、砂糖藤。

LEAF CATALOG
调节庭院氛围的
彩叶植物图鉴

□ 关于本书的说明

·本书所写的栽培管理是以日本关东地区以西的平地（其纬度大约与我国黄河以南地区相当）为参考，根据各地气候条件，管理方法有所不同。

·在选择植物时，事先确认耐寒性和耐热性很重要。

<u>耐寒性</u>

「强」：大部分地区可以户外过冬

「中」：温暖地区可以户外过冬

「弱」：温暖地区也不可以户外过冬

※ 耐寒性强的植物，为了让它们在冬季休眠，需要足够的低温。

<u>耐热性</u>

「强」：温暖地区可以轻松度夏

「中」：温暖地区较凉爽的地方可以度夏

「弱」：温暖地区度夏很困难，只适合寒冷地区

※ 关于原产地的表示，园艺种和改良种尽量记载杂交亲本的原产地。

多年生植物

Perennial

观感轻柔的草花，即使搭配较多的叶片也不会显得
厚重，根据自己想要的画面来搭配吧。

小叶猬莓 '紫叶'

Acaena inermis 'Purpurea'

大戟科
常绿多年生植物
原产地：太平洋群岛
株高：10~20cm
花期：夏
日照：全日照~稍半阴
耐寒性：强
耐热性：中

带有银光的深紫色小叶，气候寒冷时颜色会更深、更美观。地毯状蔓延，很适合作为地被植物。生长缓慢，也适合组合盆栽。不耐高温多湿，适合在稍微干燥的地点栽种。开放地榆般的小型花朵。

不耐高温多湿，地栽时宜选择岩石园这类稍微干燥的环境。

花叶羊角芹

Aegopodium podagraria 'Variegatum'

伞形科
落叶多年生植物
原产地：欧洲
株高：40~50cm
花期：初夏
日照：半阴
耐寒性：强
耐热性：中~强

也被称为花叶水芹，鲜艳的绿叶上点缀着乳白色花纹，非常清新。初夏开放白色小花。习性强健，没有病虫害，不耐高温多湿和干燥环境。日照过强会导致叶片枯焦。

通过地下茎蔓延繁殖，每年都会生长，特别适合作为地被植物。

▼花

莨力花 / 老鼠簕

Acanthus mollis

爵床科
半常绿多年生植物
原产地：南欧
株高：1~1.5m（包括花茎）
花期：初夏
日照：稍半阴
耐寒性：中
耐热性：强

深裂的叶片具有雕塑感，光泽亮丽。植株大型，富有存在感，长长的花穗也很有魅力。习性强健，寿命长，即使放任不管也可以健康生长。难以分株，当植株长得很大时，建议用根插或实生的方法繁殖。寒冷地区冬季会落叶。

'白水'

A.'Whitewater' / 花斑叶的莨力花，花苞也是白色。

多刺老鼠簕

A. *spinosus* / 叶片像蓟一样深裂，具有光泽。开花性好，花萼带有浓重的红色。
株高：70~100cm　花期：夏

深裂的叶片特征鲜明，在希腊建筑和绘画里经常可以看到。

◀花

龙舌兰
Agave

龙舌兰科
常绿多年生植物
原产地：墨西哥
株高：3~4m
花期：一
日照：全日照
耐寒性：中
耐热性：强

　　肉质的叶片呈放射状排列，存在感很强。叶片顶端尖锐突出。耐旱亦耐寒，只要不是极度寒冷地区就可露天地栽。100年左右才开一次花。

龙舌兰
A. americana / 美国龙舌兰，蓝绿色的叶片很美丽。

乱雪
A. filifera / 银绿色的叶片边缘有非常细的白丝飘出。株高：约60cm

虚空藏
A. parryi var. truncate / 圆溜溜的紧凑植株，叶片也呈圆形。株高：约1m

委内瑞拉锦
A. desmetiana.v.margineta / 叶片稍有光泽。株高：约1.6m　耐寒性：中

金边龙舌兰
A. americana 'Variegata' / 叶片边缘为黄色的龙舌兰品种。

龙舌兰 '华严'
A. americana 'Mediopicta' / 叶片中间带白色条纹的龙舌兰品种。

龙舌兰园艺种
A. salmiana var. ferox / 稍宽的蓝绿色叶片很有存在感。株高：约1.5m

筋骨草

Ajuga

唇形科
常绿多年生植物
原产地：欧洲、中亚
株高：8~20cm
花期：春
日照：全日照~半阴
耐寒性：强
耐热性：中~强

在阴处也可以生出旺盛的匍匐枝条，是荫翳花园里的最佳地被植物。习性强健，耐阴，不耐高温多湿，宜种植在通风好、土壤保水性强的地方。春季开放大量蓝色或粉色小花朵。

'勃艮第之光'
A. reptans 'BurgundyGlow' / 白色、紫色、粉色混合的花斑叶品种。
株高：约20cm

筋骨草
A. reptans / 叶片带紫色，气候寒冷时颜色更深。

◀ 红叶

'北极狐'
A. reptans 'ArcticFox' / 绿底带大块白斑纹的叶片边缘呈波浪状起伏，非常独特。开蓝色花。株高：约5cm

'香草碎'
A. reptans 'VanillaChip' / 灰绿色叶片带有白斑，中央部分银灰色，秋季变为铜色叶片。
株高：约20cm

'凯特琳巨人'
A. reptans 'Catlin's Giant' / 植株较大，叶片约比普通品种大一倍。
株高：30~40cm

▼花

'灰女士'
A. reptans 'Grey Lady' / 灰绿色的叶片
带有绿色或白色的边缘，秋冬季变为
李子红色叶片，开放大量蓝色花。
株高：约15cm

'迪克西碎片'
A. reptans 'Dixie Chip' / 奶油色和粉色相间的细长叶片非常繁
茂。株高：约8cm

▼花

'巧克力碎片'
A. reptans 'Chocolate Chip' / 小型种，
比其他品种生长缓慢，紫色的叶片很
茂密，花朵蓝紫色。株高：约8cm

'金色光辉'
A. reptans 'Golden Glow' / 小型种，新
生的叶片呈古铜色，渐渐变为粉色或奶
油色。株高：约20cm

'皱叶金属'
A. pyramidalis 'Metallica Crispa' / 细密起
皱的铜色叶片十分独特。这个品种的特
征是枝条不匍匐生长。株高：约15cm

莲子草
Alternanthera

苋科
常绿多年生植物
原产地：西印度群岛至南美洲
株高：20~60cm
花期：夏
日照：全日照
耐寒性：弱
耐热性：强

莲子草洋溢着热带风情，在高温环境中生长良好，有直射阳光照射时叶色会更鲜艳。不能缺水，盆栽时要特别注意。10℃以下停止生长，霜降后就会枯萎，多作为一年生植物栽培。如果深秋挖掘出来放室内也可以过冬。

'红细叶千日草'

A. polygonoides / 叶片深紫红色，枝条纤细，匍匐生长，开淡粉色小花。株高：约20cm

'天使蕾丝'

A. ficoidea 'Sessilis Alba' / 叶片带白色斑纹，给人清凉的印象。株高：约30cm

'齿叶'

A. dentata / 叶片为红色和亮粉色的艳丽色彩，气候寒冷时颜色更鲜艳美丽。株高：约60cm

'红色旷野'

A. 'Crimson sauvage' / 红色叶片带有深粉色花斑，叶片细而密。株高：约30cm

聚星草 '银影'
Astelia chatamica × nervosa 'Silver Shadow'

聚星草科
常绿多年生植物
原产地：新西兰
株高：1~1.2m
花期：夏
日照：全日照~半阴
耐寒性：中
耐热性：中

叶片纤细修长，表面带有茸毛，看起来银光闪闪，光照好的话叶片的银色会更明显。在温暖地区只要没有北风和霜冻，可以在户外过冬。寒冷地区需要移至室内过冬，或是作为一年生植物栽培。不耐高温多湿，种在日照和排水佳处为宜。分株繁殖。

蒿

Artemisia

菊科
落叶多年生植物
原产地：中国以及欧洲国家
株高：根据品种不同
花期：夏~秋
日照：全日照
耐寒性：强
耐热性：中~强

　　多数品种都长着富有特色的银色叶片，喜全日照，不耐高温多湿，闷热会导致植株衰弱，在排水和通风均佳的地方生长良好。进入梅雨季前应修剪过度生长的枝条，留出空隙，改善株形。在荫蔽处会徒长，造成枝节过长。

朝雾草

A. schmidtiana / 蓝绿色的细小叶片密集繁茂，姿态蓬松，给人柔和的美感。
株高：约30cm

黄金朝雾草

A. schmidtiana 'Ever Goldy' / 朝雾草的枝变品种，叶色为金黄色。新叶是鲜艳的黄色，渐渐变为淡淡的莱姆黄色。
株高：约20cm

花 ▶

花叶艾蒿

A. vulgaris / 艾蒿的花叶品种，喜半阴，生长旺盛，春季至初夏进行 2~3 次摘心，株形会更好。
株高：约80cm　开花期：秋　日照：半阴

白蒿 '莫里斯'

A. stelleriana 'Morris Strain' / 叶片浅裂，小型品种。常绿多年生植物。
株高：约20cm

'芳香蕾丝'

A. Parfum d 'Ethiopia' / 如蕾丝边般的叶片带有甜美的芳香气息，喜半阴。
株高：约80cm　日照：全日照 ~ 半阴

宽萼苏

Ballota pseudodictamnus

唇形科
常绿多年生植物
原产地：希腊克里特岛、
土耳其
株高：20~50cm
花期：初夏
日照：全日照
耐寒性：中~强
耐热性：中

带有白色茸毛的银色叶片质感柔软，有甜美芳香。从星形的花萼里开出细碎小花。喜日照好、排水佳、稍干燥的地方。不喜高温多湿的环境，过度浇水会导致烂根。冬季低于 −10℃时要注意防寒。

如果枝条散乱，除了极热的夏季，其他时间可以通过修剪来恢复植株美好的姿态。

甜菜 '牛血'

Beta vulgaris 'Bull's Blood'

藜科
耐寒二年生植物
原产地：地中海沿岸
株高：20~30cm
花期：夏
日照：全日照
耐寒性：中
耐热性：强

紫叶品种，叶片有光泽，冬季寒冷时叶色会更浓郁，呈油亮的紫黑色，特别适合用于冬季的组合盆栽。喜日照良好处，不耐酸性土。

习性强健，耐寒性佳，喜好冷凉气候。春季会开放绿色花，形成有趣的对比。

紫红色的光亮叶片，给人别致的印象，开绿色花，更呈独特的观感。

喜马拉雅岩白菜

Bergenia stracheyi

虎耳草科
常绿多年生植物
原产地：喜马拉雅山区
株高：20~40cm
花期：春季
日照：稍半阴~半阴
耐寒性：强
耐热性：强

深绿色的椭圆形大叶片，有着美丽光泽，秋冬叶片会变红。植株蔓延生长，适合作为阴地和半阴地的地被植物。生长比较缓慢，习性强健，不太需要维护。开粉色花，可为早春庭院带来亮彩。

'布雷辛汉白花'
B. 'Bressingham white' / 开花性佳的白花品种，鲜嫩可爱，叶片稍大。

▼红叶

心叶牛舌草
Brunnera macrophylla

紫草科
落叶多年生植物
原产地：欧洲
株高：30~40cm
花期：春
日照：半阴
耐寒性：强
耐热性：中

具有纤细叶脉的心形叶片十分独特。通过地下茎繁殖，适合作半阴处的地被植物。春季开放像勿忘我的蓝色小花。叶片薄，干燥和强光会导致叶片枯焦。特别适合种植于落叶树下这类春季有阳光、夏季半遮阴，排水良好的地点。

'杰克·弗罗斯特'
B. macrophylla 'Jack Frost' / 银色叶片上带绿色叶脉，很雅致。

'绿金'
B. macrophylla 'Green Gold' / 春季颜色美妙的黄绿色叶片，到了夏季变成莱姆绿色。

'国王赎金'
B. macrophylla 'King's Ransom' / 灰绿色叶片带有淡黄色的复轮边，叶脉绿色。小型种。

心叶牛舌草
B. macrophylla / 浅绿色叶片有着山野草一般的观感。

'镜子'
B. macrophylla 'Looking Glass' / '杰克·弗罗斯特'的杂交品种，有着仿佛被白雪覆盖一般的银色叶片。

'花边'
B. macrophylla 'Variegata' / 叶片边缘带有乳白色花边或花纹。

'莫尔斯先生'
B. macrophylla 'Mr.Morse' / '杰克·弗罗斯特'的白花品种。

美人蕉
Canna

美人蕉科
落叶多年生植物（块根）
原产地：美洲热带地区
株高：40~180cm
花期：夏
日照：全日照
耐寒性：中
耐热性：强

宽大的叶片招展，散发浓郁的异国风情。盛夏开放红色、橘红色、黄色的花。习性强健，易于种植。温暖地区可以放置户外过冬，寒冷地区需在冬季之前挖出块根干燥储藏。喜高温多湿，比起沙质土，更喜好黏质土。

'德班'
C. 'Durban' / 铜色的叶片带有红色斑纹。开橙黄色花。株高：约1m

花 ▲

'澳大利亚'
C. 'Australia' / 古铜色叶片略带红色。开大红色花。株高：约1.8m

花 ▶

'艾森豪威尔将军'
C. 'General Eisenhower' / 紫黑色的叶片色泽美丽。生长迅速，效果出众。花朵橘红色，大型种。株高：约1.8m

花 ▶

开花前的植株

'帕里达'

C. 'Palida' / 叶片绿色，带黄色条纹，小型种，适合盆栽。
花色为带黄色的橘色。株高：约80cm

'威泽姆的骄傲'

C. 'Whithelm Pride' / 叶片绿色，叶脉
带有紫色，独具一格。生长快，习性
强健。花色橘粉色。株高：约1m

花 ▶

'老虎'

C. 'Bengal Tiger' / 叶片绿色，带柠檬黄色细条纹，
十分清爽。花色为带黄色的橘色。株高：约1m

▲叶

'铜红色'

C. 'Bronze Scarlet' / 紫黑色的叶片很有个性。开红色花。
株高：约80cm

观赏辣椒 '黑珍珠'
Capsicum annuum 'Black Pearl'

茄科
春播一年生植物
原产地：美洲热带地区
株高：30~40cm
花期：夏（果期：夏~秋）
日照：全日照
耐寒性：弱
耐热性：强

具有美丽的黑色叶片，分枝性好，果实带有光泽。喜日照好的地点，不耐干燥，亦不耐湿，要注意通风，防止缺水。过度生长时应打顶控制生长。

'黑闪电'
C. 'Purple Flash' / 新叶带有白色斑纹，结深紫色果实。

莸
Caryopteris × clandonensis

唇形科
落叶多年生植物
原产地：东亚
株高：60~90cm
花期：夏~秋
日照：全日照~稍半阴
耐寒性：强
耐热性：强

有斑叶和金叶品种，习性强健，好养。冬季地上部分枯萎后修剪植株，次年会重发，株形又会恢复美观。春季、秋季可根据需要施肥。

▲花

'夏日果冰'
C. × *clandonensis*
'Summer Sorbet' / 绿叶上有清新的莱姆黄色花斑，秋季颜色变深。

▲花

'伍斯特黄金'
C. × *clandonensis*
'Worcester Gold' / 春季的新叶呈银色，随着生长，叶色渐渐变成艳丽的黄金色。

黑升麻

Cimicifuga（Actaea）

毛茛科
落叶多年生植物
原产地：北美、东亚
株高：1~1.5m
花期：夏~秋
日照：稍半阴
耐寒性：强
耐热性：中

升麻家族的一员，植株高大，存在感强。叶片深裂，花穗白色或淡粉色，富有野趣。不耐热亦不耐旱，喜稍微湿润的地方，在夏季半阴的落叶树下等处生长良好。不适宜分株，繁殖难度高。

'粉色斯派克'
C. ramosa 'Pink Spike' / 新叶为浓郁的黑色，随着生长会渐渐变成偏绿色。花色淡粉。
株高：约1.5m

花▶

'喜巴女王'
C. ramosa 'Queen of Sheba' / 叶色比其他品种更深，会从较高的位置开出下垂的花穗，花色白。株高：约1.5m

'黑发女郎'
C. ramosa 'Brunette' / 叶色深，带有光泽。花芳香，白色。
株高：约1.5m

'卡博奈尔'
C. simplex 'Carbonella' / 日本升麻的铜色叶片品种。和北美品种相比，叶片小，株形低矮，花比较细密，花穗美观动人，花色白。
株高：约1.2m

'白珍珠'
C. simplex 'White Pearl' / 日本升麻的改良品种。花穗大，花小细而密集，芳香，花色白。
株高：约1.2m

象耳芋 '黑魔法'

Colocasia esculenta 'Black Magic'

天南星科
落叶多年生植物
原产地：东南亚
株高：0.8~1.5m
花期：初夏
日照：全日照
耐寒性：弱
耐热性：强

　　观赏品种，茎叶都是黑紫色，非常美观。独特的叶形具有异国风情，充满装饰感。栽种在光照好的地点时叶色更深，茎也更粗壮。不耐旱，常作为水生植物出售，水分充足时会长得更大。能耐一定程度的半阴，但光照不足时叶色会变绿。

'爱丽娜'
C. 'Elena' / 叶色为明亮的莱姆绿色。
株高：60~90cm

'煤矿工'
C. 'Coal Miner' / 绿色叶脉引人注目，叶色深而别致。株高：约 1.5m

'咖啡杯'
C. 'Coffee Cups' / 茎和叶脉都是黑色，大型种。株高：约 1.5m

银旋花

Convolvulus cneorum

旋花科
半常绿至常绿多年生植物
原产地：南欧
株高：40~60cm
开花期：春~初夏
日照：全日照
耐寒性：中~强
耐热性：强

　　泛白光的银色叶片和直径大约 10cm 的白花组合起来异常美丽。植株幼小时会匍匐生长，株形随着生长渐渐变成圆形。习性强健，耐热，耐修剪，易于栽培。

▼花

花叶小冠花

Coronilla valentina subsp. *glauca* 'Variegata'

豆科
常绿多年生植物
原产地：南欧
株高：50~80cm
花期：春、秋
日照：全日照~半阴
耐寒性：中
耐热性：中

拥有带黄色花斑的美丽叶片，春季开放有香气的花朵。适合组合盆栽，即使处于光照相对恶劣的环境中也能成活，但是枝条会木质化。温暖地区应该种在通风良好、盛夏没有西晒的地方。可以扦插繁殖。

◀花

紫叶穆坪紫堇

Corydalis flexuosa 'Purple Leaf'

毛茛科
落叶多年生植物
原产地：中国
株高：20~40cm
花期：春
日照：半阴
耐寒性：强
耐热性：中

穆坪紫堇的紫叶品种，茎也呈紫色，开放纯蓝色的小花，对比鲜明。不耐高温多湿，喜冷凉湿润的环境。最适合种植在上午有阳光、通风良好的半阴处。植株长成后开花繁多。

紫叶鸭儿芹

Cryptotaenia japonica 'Atropurpurea'

伞形科
落叶多年生植物
原产地：日本
株高：20~50cm
花期：夏
日照：半阴
耐寒性：强
耐热性：强

日本著名的香草鸭儿芹的紫叶品种，和原种一样容易栽培，但不耐旱，种在夏季没有西晒的地点为宜。散落的种子可以自播，常用作地被植物。初夏开放白色小花。

◀花

山菅兰

Dianella ensifolia

百合科
常绿多年生植物
原产地：日本、中国
株高：60~80cm
花期：夏
日照：全日照~半阴
耐寒性：中
耐热性：强

质感坚硬的细长叶片从根基处不断伸展出来，是一种装饰效果很好的植物。如铁丝般的花茎顶端开放淡紫色小花，花后结蓝紫色果实。黄色花药和花瓣对比鲜明。习性强健，容易种植，耐寒性稍差，在寒冷处应防寒。

植株长大后，除了酷暑、严冬，其他时间都可以分株繁殖。

大戟
Euphorbia

大戟科
常绿～半常绿多年生植物
原产地：欧洲
株高：根据品种不同
花期：春～夏
日照：全日照～半阴
耐寒性：中～强
耐热性：强

　　小花和苞片可以观赏将近 2 个月，叶片也很有特色。不惧强烈日照和干旱，但是有的品种在高温期不宜多肥多湿。最好种在通风、排水良好的地方。常绿品种冬季叶片容易受损，导致不开花，需注意防寒。

紫扁桃叶大戟
E. amygdaloides 'Purpurea' / 紫褐色的叶片非常有存在感，夏季变成深重的黑绿色，秋季开始转红，色泽更美。茎呈红色。
株高：约 60cm　花期：春

乳浆大戟 '卡梅隆'
E. dulcis 'Chameleon' / 茎叶是淡淡的巧克力色，秋季叶色转红。花茎纤细、多分枝，形成柔美、蓬松的拱形。耐寒性强。
株高：约 60cm　花期：初夏

扁桃叶大戟 '火焰'
E. amygdaloides 'Frosted Flame' / 气温较低时斑纹为粉红色，叶色变成绿色。
株高：约 60cm　花期：春

巧拉大戟 '黑珍珠'
E. characias 'Black Pearl' / 银灰色的叶片色泽美妙，黑褐色的花朵和翠绿的苞叶形成绝妙对比。
株高：约 60cm　花期：春

巧拉大戟 '银天鹅'
E. characias 'Silver Swan' / 银灰色的叶片上有纤细的乳白色斑纹，颜色明亮动人，到花期则整体变成大理石纹路，非常独特。
株高：约 60cm　花期：春

马蒂尼大戟

E. × martinii / 扁桃叶大戟和巧拉大戟的杂交种，叶片绿色，茎红色，花萼黄绿色，组合在一起极具魅力。开花性好，株形比较紧凑，适合盆栽。株高：约 60cm　花期：春

'黑鸟'　　　　　花 ▶

E. × martinii 'Black Bird' / 马蒂尼大戟的铜叶选育种，略带黑色的叶片有着天鹅绒般的质感。植株紧凑，不容易散乱。
株高：约 40cm　花期：春

▲花

◀ 红叶

'阿斯科特彩虹'

E. × martinii 'Ascot Rainbow' / 马蒂尼大戟的黄斑品种，新生的叶片带有红色，之后斑纹变为柠檬黄色或奶白色。叶色会逐渐变红。
株高：约 50cm　花期：春

螺旋叶大戟

E. myrsinites / 茎贴地匍匐伸展。叶片卵圆形，顶端尖。耐寒性强。
株高：约 20cm　花期：春季至初夏

'银边翠'

E. marginata / 白色和绿色对比的叶片清爽迷人，夏季开放白色小花，种子可以自播。一年生植物。
株高：约 1m　花期：夏

'紫锦木'

E. cotinifolia / 紫红色的叶片很有个性，春季开放乳白色小花。不耐寒。
株高：约 3m　花期：春

皱叶泽兰（白蛇根草）'巧克力'

Eupatorium rugosum 'Chocolate'

菊科
落叶多年生植物
原产地：北美
株高：60~80cm
花期：夏~秋
日照：全日照~半阴
耐寒性：强
耐热性：强

深沉的紫铜色叶片和白色小花形成鲜明对比，是泽兰的一个园艺品种。叶片从发芽到掉落都是深色，可为庭院增添成熟的印象。秋季的黄叶也很美观。花后尽早修剪，植物可再度开花，可长期观赏。过度生长时应适当修剪。可用分株和扦插繁殖。

花 ▶

大吴风草

Farfugium japonicum

菊科
常绿性多年生植物
原产地：中国、日本以及朝鲜半岛
株高：30~70cm
花期：秋
日照：全日照~半阴
耐寒性：中~强
耐热性：强

具有光泽感的心圆形叶片上散布白色或黄色花斑。虽然是常绿植物，但在寒冷地区会落叶。秋季开放单瓣或重瓣的黄色花。容易栽培，没有太多病虫害。原产于日本，适合日式庭院，但与西式花园也相宜，是阴地花园的重要植物。

'浮云'
F. 'Ukigumo' / 叶片带白斑。

'花叶琉球'
F. var. *luchuense* / 绿色的叶片边缘呈波浪形。

'金环'
F. 'Kinkan' / 叶缘有淡黄色的复轮边。

'天星'
F. 'Tenboshi' / 绿色叶片上有明亮的淡黄色斑点。

金叶旋果蚊子草
Filipendula ulmaria 'Aurea'

蔷薇科
落叶多年生植物
原产地：欧洲
株高：60~80cm
花期：夏
日照：稍半阴
耐寒性：强
耐热性：中

光亮的金黄色叶片非常美观，夏季会稍微褪色。夏季开放蓬松的奶油色花朵，让庭院变得明亮动人。习性强健，易于栽植，但是不耐干旱，种植时注意避开有西晒的位置。花后应剪短枝条以利于防止闷热。

◀花

老鹳草 '黑暗骑手'
Geranium pratense 'Dark Reiter'

牻牛儿苗科
落叶多年生植物
原产地：欧洲
株高：20~30cm
花期：春
日照：全日照~稍半阴
耐寒性：强
耐热性：中

深古铜色的多裂叶片，形态优美，是草原老鹳草的选育品种。花茎直立，花朵蓝色。不耐高温多湿，喜通风良好处。株形紧凑，适合种在花坛前方或用于组盆。

◀花

小二仙草 '威灵顿铜色'
Haloragis erecta 'Wellington Bronze'

小二仙草科
常绿多年生植物
原产地：新西兰
株高：20~30cm
花期：夏
日照：全日照~稍半阴
耐寒性：中
耐热性：中

铜色的叶片非常罕见，日照不足时会变绿，所以宜种植在向阳处。气温下降时叶片变红，更加美丽。耐寒性稍弱，寒冷地区需防寒保温。夏季开白色小花，适合用于组盆。

柔软的叶片很有特点，给人深沉的感觉。枝条可以伸展得很长，也是魅力所在。

齿叶半插花
Hemigraphis repanda

爵床科
常绿多年生植物
原产地：马来西亚
株高：5~15cm
花期：夏
日照：全日照
耐寒性：弱
耐热性：强

长长的披针形叶片，正面红色带有暗灰绿色，反面是紫红色，富有金属质感。光线不好时叶色会变差，应种植于全年日照好的地方。茎匍匐生长。夏季开白色穗状花，朝开暮谢。

如果长得过大，春季至夏季都可以分株和修剪，同时也可以扦插。

矾根 / 珊瑚钟
Heuchera / Heucherella

虎耳草科
常绿多年生植物
原产地：北美
株高：30~80cm
花期：春末~初夏
日照：半阴
耐寒性：强
耐热性：强

　　矾根的叶色有各种各样的变化，不同的季节色调也不同。在春夏季会开出可爱的小花，很有魅力。珊瑚钟是矾根和黄水枝的杂交种，比矾根株形稍小，叶色变化也较少。生长习性和矾根差不多，强健，耐寒亦耐阴。

矾根 '巴黎'
H. 'Paris' / 叶片银白色，叶脉为绿色。花茎短，株形紧凑。花色红。株高：约35cm

矾根 '绿色香料'
H. 'Green Spice' / 带有圆形的银绿色叶片上浮现着紫红色的叶脉。花色白。
株高：约60cm

珊瑚钟 '挂毯'
Hl. 'Tapestry' / 叶片像雪花般深裂，带有紫色的叶脉，随季节更替会发生深浅变化。花色粉红。株高：约50cm

矾根 '莱姆里奇'
H. 'Lime Rickey' / 金叶品种，春季的叶色非常美，夏秋季则变成清爽的莱姆绿色。花色白。株高：约40cm

珊瑚钟 '红绿灯'
Hl. 'Stoplight' / 黄色叶片上有暗红色叶脉，鲜艳夺目。夏秋季叶片为黄色，冬季变为莱姆绿色。花色白。
株高：约40cm

矾根 '德尔塔黎明'
H. 'Delta Dawn' / 金黄色叶片中间的叶脉是鲜红色。春季叶片新生的时候，红色会晕开来，面积更大。开乳白色花。
株高：约35cm

矾根 '奇迹'
H. 'Miracle' / 柠檬黄色与红色交织的叶片，叶色很有特征。开乳白色花。
株高：约40cm

矾根 '焦糖'

H. 'Caramel' / 宽幅的叶片，春季为橘黄色，夏季金黄色，秋冬季变为稍带褐色的红叶。花色为白色到淡粉色渐变。
株高：约40cm

矾根 '桃子火焰'

H. 'Peach Flambe' / 春季萌发略带红色的橘黄色新芽，夏季开始变成古铜色，随着季节变化色调不同。花色为偏粉红的白色。
株高：约40cm

矾根 '乔治蜜桃'

H. 'Georgia Peach' / 厚实的白色叶片上带有红色叶脉，气温降低时红色会变深。花色是带粉色的乳白色。株高：约40cm

矾根 '银河'

H. 'Galaxy' / 明亮的红色叶片具有光泽，春季新叶稍带紫色，并有红褐色斑纹。花茎短，花色黄褐色。株高：约35cm

矾根 '莓果冰'

H. 'Berry Smoothie' / 春季叶色是艳丽的粉红色，随后慢慢变化。花色乳白色。
株高：约70cm

矾根 '午夜宝石'

H. 'Midnight Bayou' / 略带褐色的紫叶，边缘具有波浪卷。春季新叶带有粉色，很美丽。花色淡粉。株高：约70cm

矾根 '李子布丁'

H. 'Plum Pudding' / 具有光泽的铜色叶片终年不变色，叶柄和新叶都是通透的紫红色，非常美丽。花色为带粉色的白色。
株高：约40cm

矾根 '艺伎扇子'

H. 'Geisha's Fan' / 春季的新芽为红色，夏季古铜色，秋季变为棕色。花色为略带白色的粉色。
株高：约45cm

矾根 '朱砂银'

H. 'Cinnabar Silver' / 叶色富于变化，春季叶片为铜色或银灰色，夏季银灰色，秋季开始带有黑色，冬季则是深沉的铜色。花色红色。
株高：约40cm

圣诞玫瑰
Helleborus

毛茛科
常绿多年生植物
原产地：欧洲
株高：30~80cm
花期：冬~春
日照：夏季阴处，冬季向阳处
耐寒性：强
耐热性：中~强

　　深裂的常绿叶片，为冬季庭院带来一抹亮彩。花朵下垂开放，花形柔美，十分可爱。花色丰富，有白色、粉色、莱姆绿色、紫色等。夏季应避免放在阳光直射处或闷热环境中，从晚秋开始放置于根部可晒到阳光的地方比较好，落叶树下最适合。品种丰富，普通园艺种在庭院中易于种植。

青灰铁筷子
H. lividus

铜色叶品种
H. × hybridus

花▲

萱草
Hemerocallis

百合科
落叶多年生植物
原产地：日本
株高：30~150cm
花期：夏
日照：全日照
耐寒性：强
耐热性：强

　　修长的细叶繁茂旺盛，夏季开放黄色、橘色、红色的艳丽花朵。多数品种花只开放一天，当天凋谢。近来也有四季开花的品种，可以持续开放到秋季。习性强健，易于种植，植株长大后可在春秋季分株。

花▶

玉簪

Hosta

百合科
落叶多年生植物
原产地：中国、日本
株高：10~120cm（包括花茎）
花期：夏
日照：半阴
耐寒性：强
耐热性：强

　　叶色、花纹、株形都很丰富，从株高 10cm 的小型品种，到株高 1m 以上的大型品种都有。习性强健，易于种植。光照强烈时容易发生枯焦，宜栽种在没有西晒的地方（也有需要日照叶片上色效果才好的品种）。初夏开放白色到淡紫色的花，在阴处开花性也不错。

'威廉法兰西'
H. 'Frances Williams' / 蓝绿色叶片镶有黄边或黄斑。花色白色。株高：约 1.2m

'萨姆'
H. 'Sum and Substance' / 大型品种，叶片为带光泽的黄绿色，在阴处叶片不能呈现出黄色，所以需注意日照。花色淡紫色。株高：约 90cm

'寒河江'
H. 'Sagae' / 十分受欢迎，属于玉簪中直立性特别好的品种。叶缘带有波浪卷，特征鲜明。花色白。株高：约 80cm

'金头饰'
H. 'Golden Tiara' / 镶黄边的绿叶易于和其他植物搭配，繁殖很快。花色淡紫色。株高：约 40cm

'初霜'
H. 'First Frost' / 蓝绿色的叶片镶黄色边，鲜艳美丽。花色淡紫色。株高：约 40cm

'六月'
H. 'June' / 叶色会慢慢从黄色变成蓝色，非常美丽。花色淡紫色。株高：约 40cm

'蓝鼠耳'
H. 'Blue Mouse Ears' / 圆润的蓝色叶片很厚实，非常可爱。花色淡紫色。株高：约 15cm

鱼腥草 '彩叶'

Houttuynia cordata 'Chameleon'

三白草科
落叶多年生植物
原产地：东南亚
株高：30~60cm
花期：初夏
日照：全日照~全阴
耐寒性：强
耐热性：强

带有红色斑点的花斑叶非常美丽，在光照好的地方红色斑点会更鲜艳。初夏开放纯白小花，很有魅力。习性强健，通过地下茎繁殖，最适合作为半阴处的地被植物。生长过于旺盛，需注意防止过度蔓延。春季进行一次摘心，可以控制株高。

重瓣鱼腥草
H. cordata / 开纯白的重瓣花。

暗色异柱菊

Leptinella squalida 'Platt's Black'

菊科
常绿多年生植物
原产地：新西兰
株高：10~15cm
花期：夏
日照：半阴~全阴
耐寒性：中~强
耐热性：中~强

红褐色叶片给人沉稳的感觉，夏季开放黄色小花，对比鲜明。植株贴地蔓延，适合作为地被植物。不耐闷热气候，适宜种植在半阴的通风良好处，注意不要过度浇水，适合盆栽。

野芝麻

Lamium

唇形科
落叶~半常绿多年生植物
原产地：欧洲
株高：10~30cm
花期：初夏
日照：半阴
耐寒性：强
耐热性：中

贴地生长的枝条蔓延伸展，适合作为地被和吊篮植物。在半阴处生长良好，喜排水条件好的土壤。夏季的强烈西晒会造成叶片枯焦。初夏花穗伸展，开放白色、粉色或黄色的花朵。

黄花野芝麻　　　花▶
L. galeobdolon / 茎干直立，叶片上有银白色花纹。花色黄。
株高：约40cm

野芝麻 '哈曼荣光'　　花▶
L. galeobdolon 'Harman's Pride' / 叶片上的银色斑纹非常美丽，是黄花野芝麻的园艺种。花色黄。
株高：约20cm

紫花野芝麻 '纯银'
L. maculatum 'Sterling Silver' / 叶片为独特的银白色。株高：约20cm

麦冬
Liriope

百合科
常绿多年生植物
原产地：亚洲
株高：20~40cm（包括花茎）
花期：夏末~秋
日照：全日照~半阴
耐寒性：强
耐热性：强

叶色明亮，适合作为地被植物。习性强健，根系发达，耐旱。夏季至秋季从叶片间抽出花茎，开放淡紫色、蓝色或粉色的穗状花，之后结出果实。春季萌发新叶，此时最好把老叶剪掉。

银边麦冬
L. 'Variegated White' / 叶片带有灰白色条纹。

金边麦冬
L. platyphylla 'Variegata' / 绿叶外侧带有黄绿色斑纹。

'金发女郎'
L. muscari 'Pure Blonde' / 叶片在萌发初期为白色，花期叶片变成明亮的黄绿色，与蓝紫色花朵的对比美丽迷人。

紫叶橐吾'克劳馥'
Ligularia dentata 'Brit-Mrie Crawford'

菊科
落叶多年生植物
原产地：日本
株高：60~100cm
花期：夏
日照：半阴
耐寒性：强
耐热性：强

橐吾的近亲品种，圆形的大叶片很有存在感。巧克力叶色的品种更是独特，早春初发时叶色最深，光泽强烈，美不胜收。花期开放带有橘色的黄花。习性强健，容易种植。

'午夜女士'
L. 'Midnight Lady' / 小型种，和'克劳馥'相比，叶片的黑色稍淡。花色是带橘色的黄色。

过路黄
Lysimachia

报春花科
常绿~落叶多年生植物
原产地：中国以及欧洲国家
株高：10~60cm
花期：初夏
日照：半阴
耐寒性：中~强
耐热性：强

　　蔓生品种，在稍微湿润的半阴地也可生长，适合作为阴地花园的地被植物。也可以用于组合盆栽和吊篮。喜水分多的地点，只有'鞭炮'可在干燥的地方种植。可以通过扦插繁殖。

金叶过路黄
L. nummularia 'Aurea' / 金黄色叶片可为半阴处增添亮彩，植株生长快，扩张迅速，是特别珍贵的地被植物。株高：约10cm

'丽西'
L. congestiflora 'Variegata' / 金黄色叶片上散布不规则的绿色斑纹。匍匐生长，株形紧凑，适合用作小空间的地被植物和组合盆栽。株高：约10cm

'准星'
L. congestiflora 'Shooting Star' / '午夜阳光'的枝变品种，铜色叶片上散布不规则的粉色斑块。生长非常迅速，可用作地被植物。株高：约15cm

'午夜阳光'
L. congestiflora 'Midnight Sun' / 小型铜色叶片匍匐生长，全年都可欣赏到美丽叶色。开放星形的黄色小花。株高：约15cm

'鞭炮'
L. ciliata 'Firecracker' / 紫红色的叶片美观独特，和黄色花的对比也很精彩。生长快，用地下茎也可以繁殖，耐旱，耐强光。
株高：约60cm　日照：全日照~半阴

百脉根 '硫黄'
Lotus hirsutus 'Brimstone'

豆科
常绿～落叶多年生植物
原产地：地中海沿岸
株高：40~60cm
花期：初夏～秋
日照：全日照
耐寒性：中～强
耐热性：强

被绵毛包裹的绿色叶片顶端为奶油黄色，对比鲜明。如紫苜蓿一般的小花粉白色。株形蓬松，蔓延生长，和周围的植物容易搭配，在各种场景都可活用。习性强健，若株形散乱则修剪，会再次冒出乳白色的新芽。

▼花

克里特三叶草
L. creticus / 带有光泽的银叶很有魅力，开放艳丽的黄色花。分枝多，修剪后可以保持蓬松的株形。
株高：约15cm

▼花

花叶水芹 '火烈鸟'
Oenanthe javanica 'Flamingo'

伞形科
半常绿～落叶多年生植物
原产地：北半球大部分地区以及澳大利亚
株高：10~30cm
花期：初夏
日照：稍半阴
耐寒性：强
耐热性：强

叶片带粉色、乳白色斑纹的品种，春季叶色格外艳丽。初夏开放白色小花。蔓延繁殖，适合作为地被植物或用于组合盆栽。不耐夏季的强光和干燥，喜湿。

若枝条过度生长，可以修剪使其再度发出新枝来控制株形。

很像靠地下茎繁殖的羊角芹，但是'火烈鸟'的葡匐枝条更旺盛。

紫叶酢浆草
Oxalis triangularis

酢浆草科
常绿～落叶多年生植物
原产地：巴西
株高：15~30cm
花期：夏～秋
日照：全日照～稍半阴
耐寒性：中
耐热性：强

深紫色的叶片和淡粉色的可爱小花对比鲜明。三角形的叶片夜晚合拢，白天展开。在夏季强烈日照下叶片会枯焦，要注意防范。在温暖地区常绿，可以户外越冬。寒冷地区最好放在室内管理。繁殖力强，自然分球增殖。

腺梗小头蓼 '红龙'

Persicaria microcephala 'Red Dragon'

蓼科
落叶多年生植物
原产地：喜马拉雅山区
株高：30~60cm
花期：初夏~秋
日照：全日照~稍半阴
耐寒性：强
耐热性：强

紫红色的叶片带有银色和绿色的 V 字形斑纹，红色的茎稍斜着向上伸展。适合用于组合盆栽或花坛种植。习性强健，耐热性佳，容易栽培，不耐过度干旱。初夏开始开放荞麦般的白色小花，花后修剪则秋季会再次开花。

▲秋

◀初夏

'银龙'
P. microcephala 'Silver Dragon' / 叶片呈银白色，个性十足。

马达加斯加香茶菜 '彩叶薄荷'

Plectranthus madagascariensis 'Variegated Mintleaf'

唇形科
常绿多年生植物
原产地：南非
株高：20~30cm
花期：夏~秋
日照：全日照~半阴
耐寒性：强
耐热性：强

匍匐性或半直立性，叶片有清爽的白色斑纹，带有清凉的薄荷味香气。植株过度生长的话可进行修剪以调整株形，从枝干还会发出新芽。不耐极度干燥和荫蔽。

香茶菜 '特洛伊黄金'
P. ciliatus 'Troy's Gold' / 金黄色叶片带不规则的绿色斑纹，横向伸展的姿态，适合用于组合盆栽和吊篮。

新西兰麻
Phormium tenax

龙舌兰科
常绿多年生植物
原产地：新西兰
株高：0.6~3m
花期：夏
日照：全日照
耐寒性：中
耐热性：强

略显刚硬的细叶繁茂丛生，很有异国风情。叶色和花纹很多变，叶片的宽度也因品种而异。温暖地区可以地栽，寒冷地区则宜盆栽。冬季放在避风处防寒。要注意防范夏季的干旱。

◀花

紫叶新西兰麻
P. tenax 'Purpureum' / 铜紫色叶片，大型品种，冠幅大。

花叶新西兰麻
P. tenax 'Variegata' / 叶片边缘带明亮的黄色条纹。

新西兰麻 '粉色条纹'
P. 'Pink Stripe' / 叶片边缘带粉色条纹。

八角莲
Dysosma

小檗科
落叶多年生植物
原产地：中国以及北美
株高：50~100cm
花期：春~初夏
日照：半阴~阴地
耐寒性：中~强
耐热性：中

伞形的大叶片存在感十足。春季到初夏开放红褐色、白色、绿色、黄色的花朵。原生于冷凉地区的明亮林地，所以在通风好的半阴处生长良好。耐寒性不错，冬季可盆栽放在不会冻结的地方管理。

羽叶鬼灯檠 '巧克力之翼'

Rodgersia pinnata 'Chocolate Wing'

虎耳草科
落叶多年生植物
原产地：中国
株高：60~80cm
花期：初夏
日照：稍半阴~半阴
耐寒性：强
耐热性：中

经常可在欧美园艺书中所见的植物。羽叶鬼灯檠的铜色叶片变种，初生的新芽是深巧克力色，魅力十足，气温升高后带有绿色，颜色变淡。花初开为粉色，渐渐变为深红色。不耐夏季的强烈光照和干燥，种在树荫下为宜。

植株富有野趣。新叶的颜色特别深。

花 ▶

'焰火'
R. 'Firework' / 中国鬼灯檠的改良种，习性强健。叶片长约30cm，给人野性的美。新叶带古铜色，花是鲜艳的粉色。

观赏蓖麻 '吉布森'

Ricinus communis 'Gibsonii'

大戟科
多年生植物
原产地：印度以及非洲热带地区
株高：1.5~2m
花期：夏~秋
日照：全日照
耐寒性：弱
耐热性：强

铜色叶片的蓖麻品种，也叫红蓖麻。如枫叶般的大型叶片七裂，令人印象深刻。在原生地为多年生植物。带毛刺的果实鲜红独特，观赏性也很高。习性强健，容易栽培。喜好全日照和通风好的地方。

气温下降后，叶片和花的颜色更深郁，美感倍增。

红脉酸模

Rumex sanguineus

蓼科
落叶多年生植物
原产地：欧洲
株高：20~30cm
花期：初夏
日照：全日照
耐寒性：强
耐热性：强

叶脉深紫色，很有观赏性。叶片繁茂，很有分量感。不耐高温多湿，夏季应种在没有西晒的地方，注意排水、通风。温暖地带可以常绿越冬，之后种子可以自播。

彩叶草

Solenostemon（Coleus）

唇形科
多年生植物
原产地：东南亚
株高：20~100cm
花期：夏
日照：全日照~稍半阴
耐寒性：弱
耐热性：强

　　彩叶草的叶色非常丰富，是
装点夏季花园的绝好植物。夏季
的直射阳光会导致叶片褪色，在
半阴处叶色更为浓郁鲜艳。及时
摘除花芽，可以长期保持美丽的
叶色。不耐寒，一般作为一年生
植物种植。如果想让其越冬，应
在晚秋移至日照好的室内。不耐
干旱。

景天
Sedum

景天科
常绿~落叶多年生植物
原产地：热带至温带地区
株高：根据品种不同
花期：春
日照：全日照
耐寒性：中~强
耐热性：强

肉质的叶片细小密集，匍匐生长。品种很多，株形和叶色都不一样，但叶片一般都肥厚多汁。十分耐旱，不耐闷热。剪下枝条扦插或是将枝叶放在可以垂到的地表，会自然生根。

圆叶黄金万年草
S. makinoi 'Ogon' ／圆形叶片繁茂丰盛，适合作为地被植物。
株高：约3cm

日本景天
S. japonicum ／细长的小型叶片密集丛生。
株高：约3cm

红背耳叶马蓝
Strobilanthes dyeriana

爵床科
多年生植物
原产地：缅甸
株高：60~120cm
花期：秋
日照：全日照~半阴
耐寒性：弱
耐热性：强

粉紫色的叶片整体泛着银光，具金属感，叶脉深绿色。秋季开放3cm左右的长筒形紫色花，开花后叶片褪去光泽。如想保持叶色美丽，要在9月上旬进行回剪，不要让植株开花。

夏季青葱的植物中，粉紫色的叶片格外有个性。

花叶莸
Tripora divaricata 'Variegata'

马鞭草科
落叶多年生植物
原产地：中国、日本以及朝鲜半岛
株高：60~80cm
花期：夏~秋
日照：全日照~稍半阴
耐寒性：强
耐热性：中

带有斑纹的纤细叶片充满清新的野趣。夏秋季开放美丽的蓝花。植株具有独特的气味，不要种在园路的旁边，以免引起不适。习性强健，耐修剪，冬季修剪后生长会更好。

黄水枝

Tiarella

虎耳草科
落叶~半常绿多年生植物
原产地：北美
株高：15~40cm（包括花茎）
花期：初夏
日照：半阴
耐寒性：强
耐热性：中

黄水枝的叶片很像矾根，但是裂痕更深。叶色变化较少，但斑纹很丰富。株形紧凑，初夏开放细小的淡粉色花穗。耐阴性及耐寒性强，不耐高温多湿，适宜在半阴的通风处栽培。

'快乐步道'
T. 'Happy Trails' / 利用走茎延展生长繁殖，叶片上的黑褐色斑纹非常美丽。花色白。株高：约 20cm

'俄勒冈步道'
T. 'Oregon Trail' / 蔓生品种，适合作地被植物。叶片上的暗色斑纹清晰可见。花色白。株高：约 15cm

'粉红火箭'
T. 'Pink Skyrocket' / 深裂的叶片带有褐色斑纹。绽放像夜空中的焰火般的可爱粉色花。株高：约 30cm

'砂糖香料'
T. 'Suger and Spice' / 深裂的大型叶片，具有宽幅的黑褐色斑纹。花色淡粉。
株高：约 35cm

'神秘之雾'
T. 'Mystic Mist' / 叶片整体带有白色斑纹，随着季节更替有所变化。花色白。
株高：约 20cm

'阿帕拉契亚步道'
T. 'Appalachian Trail' / 匍匐种，适合作地被植物，或用于吊篮。花色白。
株高：约 15cm

金叶紫露草 '甜蜜凯特'
Tradescantia 'Sweet Kate'

鸭跖草科
落叶多年生植物
原产地：北美
株高：30~50cm
花期：夏~秋
日照：全日照~稍半阴
耐寒性：强
耐热性：中~强

金黄色叶片和紫蓝色花朵的对比鲜明美丽，柔软的茎叶很有特色。茎叶生长旺盛，如果过度生长可以修剪，保持株形规整。剪下的茎叶可以扦插繁殖。不耐干燥和闷热，也不可缺水，要注意浇水频率。

紫叶鸭跖草

T. pallida 'Purpurea' / 紫色的茎叶肉质，夏秋季开放粉色小花。植株生长旺盛，耐干旱，如果过度生长可从基部修剪，留下 1~2 节，重整株形。在日照良好处培育，紫叶会更鲜艳。温暖地区可以户外过冬，但耐寒性稍弱，应在冬季土壤不会冻结的地方培育。耐寒性：弱~中　耐热性：强

一棵金叶紫露草就可以让整个庭院豁然明亮，造就印象鲜明的庭院。

黑叶三叶草
Trifolium repens 'Purpurascens'

豆科
常绿~半常绿多年生植物
原产地：欧洲
株高：10~20cm
花期：春~秋
日照：全日照
耐寒性：强
耐热性：中

具有紫黑色斑纹的三叶草，适合作为地被植物或用于组合盆栽，经常会长出代表好运的四出复叶。喜日照和排水良好的地点，在荒地也可生长良好，不耐高温多湿，种植时应避开夏季有西晒的地方。没有普通三叶草繁殖快。

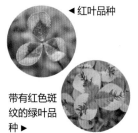

◀红叶品种

带有红色斑纹的绿叶品种 ▶

银叶婆婆纳
Veronica ornata

马鞭草科
半常绿~落叶多年生植物
原产地：日本
株高：30~60cm
花期：夏~秋
日照：全日照~稍半阴
耐寒性：强
耐热性：强

清纯的蓝紫色花和银色叶片的对比美丽动人，可以作为亮点来种植。开花时若花茎生长过长容易倒伏，可以在春季通过摘心来控制株高，以保持蓬松的姿态。

◀花

藤本植物
Climbing Plant

装饰垂直空间时，就轮到藤本植物大显身手了。
藤本植物让花园在充满了动感的同时，又具有细微的差别。

斑叶五叶木通
Akebia quinata 'Variegata'

木通科
落叶藤本灌木
原产地：日本以及东南亚
藤蔓长度：3~6m
花期：春
光照：全日照~半阴
耐寒性：强
耐热性：强

比起花和果实，木通的叶片更具观赏性。带有斑点的掌状复叶给人凉爽的印象。

叶片带有黄绿色的沙砾状斑点是斑叶五叶木通的特色。开淡紫色的小花。一般单个品种的木通就能结出果实，但如果作为母本与其他品种的木通授粉后能提高结果量。这个品种习性强健且种植简单，但叶片易被夏季的强光灼伤。

斑叶蛇葡萄'优雅'
Ampelopsis glandulosa 'Elegans'

葡萄科
落叶藤本灌木
原产地：日本
藤蔓长度：1~3m
花期：初夏
光照：全日照~稍半阴
耐寒性：强
耐热性：强

斑叶蛇葡萄的枝条呈红色，叶片为绿色、白色和粉色相间的斑叶。春季叶片萌发时会带些许绿色的斑纹，初夏时就能欣赏到美丽的花叶。在炎热地区，叶片上的斑点在夏季会淡化。夏季会结出绿色的果实，秋季叶片渐变为美丽的蓝色至紫色。

◀ 果实

马蹄金'翡翠瀑布'
Dichondra repens 'Emerald Falls'

旋花科
常绿~半常绿多年生草本
原产地：新西兰、澳大利亚
株高：5~10m
花期：初夏
光照：全日照
耐寒性：中~强
耐热性：强

马蹄金不仅习性强健，生长速度也快，一串串绿色的圆叶铺满地面，能够承受一定程度的踩踏，因此十分适合作为地被植物。同样也适合用于组合盆栽和吊篮。在日本关东以西的地区可以常绿过冬。

绢毛马蹄金
D. sericea / 原产于乌拉圭。银绿色的叶片反射出美丽的光泽。这个品种的马蹄金生长较慢，株形紧凑。

枝条生长旺盛。用分株、扦插或压条等方法就能轻松繁殖。

薜荔

Ficus pumila

桑科
常绿多年生植物
原产地：东南亚、南亚
株高：5~15cm
花期：—
光照：全日照~半阴
耐寒性：弱
耐热性：强

　　薜荔的卵形叶片只有1cm长。从茎
的部分会长出气根，能够轻松地爬满整
片墙壁，适合用于装点围栏、栅栏和石墙。
喜光照，但是盛夏强烈的阳光会灼烧叶
片，导致整株植物干燥、萎缩。在通风
和光照良好的室内也可以种植。气温保
持在0℃以上方可过冬。

枝条过密时应当修
剪。在生长期的5—8
月，可利用修剪下的枝
条进行扦插繁殖。

薜荔 '白色晴天'
F. pumila 'White Sunny' / 叶片边缘
为白色的斑叶品种。

薜荔 '考拉'
F. pumila 'Koala' / 黄绿色的斑叶品种。

羊乳榕
F. sagittata (= *F. radicans*) / 叶片长
5cm左右的长叶品种。

扶芳藤
Euonymus fortunei

卫矛科
常绿藤本灌木
原产地：东亚
株高：30~50cm
花期：—
光照：全日照~半日照
耐寒性：中~强
耐热性：强

扶芳藤的叶片小而密集，可用作覆盖花坛边缘和地面的植物。叶片外缘的斑纹、柔软的枝条和鲜艳的绿色嫩芽是这个品种的特点。

花叶活血丹
Glechoma hederacea 'Variegata'

唇形科
半常绿藤本多年生草本
原产地：日本
株高：5~10cm
花期：春
光照：全日照~半阴
耐寒性：强

活血丹可爱的圆叶边缘呈锯齿状。匍匐性强，枝条的每个节点都可以生根，覆盖住整个地面。春季会开出淡紫色的小花。习性强健，但耐旱性较差。

◀花

蛇麻（啤酒花）'金色流苏'
Humulus lupulus 'Golden Tassel'

大麻科
落叶藤本多年生草本
原产地：西亚
藤蔓长度：2~2.5m
花期：初夏
光照：全日照~稍半阴
耐寒性：强
耐热性：中

这是作为啤酒的原料而广为人知的啤酒花的金叶品种。枝条不会过度伸展，因此株形很紧凑。比起传统的啤酒花，具有更好的耐热性，但仍需注意避免夏季的西晒。雌雄异株。

鲜艳的叶片形状富有魅力，初夏绽放绿色的铃铛状花。

日本南五味子
Kadsura japonica

五味子科
常绿藤本灌木
原产地：东亚
藤蔓长度：3~5m
花期：夏
光照：半阴~全阴
耐寒性：中
耐热性：强

富有光泽的叶片边缘带有黄白色的斑纹，在秋天会变为美丽的红叶。雌株会结出美丽的果实。在夏季半阴或全阴环境、冬季没有寒风的场所能够生长良好。宜在每年2月至3月初修剪掉交错生长的枝条。

该品种对病虫害有很强的抵抗力。

◀果实

常春藤
Hedera helix

五加科
常绿藤本灌木
原产地：欧洲、西亚和北美
藤蔓长度：1~5m
花期：—
光照：全日照~全阴
耐寒性：强
耐热性：强

常春藤的叶片拥有不同形状的斑纹和丰富的颜色，是被广泛用于覆盖地面和组合盆栽的植物。由于常春藤的耐阴性强，因此在任何地方都能生长良好，但光照不足会令叶色不鲜艳。植株从茎部生长出气根攀爬于墙面，根部会随着生长变粗而木质化。枝条过于茂盛时应适当修剪。原生品种的常春藤叶片长度可达20~30cm。

'白雪姬'

'金色抖动'

'白色的恋人们'

'天使的羽衣'

'月光'

'金童'

'娜塔莎'

'雪之妖精'

'雪之华'

'爱尔兰赛'

'塞浦路斯'

加那利常春藤
Hedera canariensis

五加科
常绿藤本灌木
原产地：加那利群岛
藤蔓长度：1~5m
花期：—
光照：全日照~全阴
耐寒性：强
耐热性：强

叶片大而有光泽，冬季会长出略带红色的条纹。生长旺盛，从茎部会长出气根，攀缘性好，遮盖面积大，是美化墙面等垂直空间的绝佳植物。习性强健，生长到一定程度时植株的根部会变粗并木质化。

斑叶加那利常春藤
H. canariensis 'Variegata' / 白色斑叶品种。

加那利常春藤 '奇迹'
H. canariensis 'Kiseki' / 斑纹散乱的品种，生长较缓慢。

多花素馨 '银河'
Jasminum polyanthum 'Milky Way'

木犀科
常绿藤本灌木
原产地：中国南部
株高：1~3m
花期：春
光照：全日照~半阴
耐寒性：中
耐热性：强

小叶边缘带有乳白色的斑纹，是适合作为攀爬篱笆或用于组合盆栽的花材。春季会开出大量散发芳香的白花。花期之外的时间，观赏性也非常出众。枝条容易过度生长而导致株形凌乱，因此花期过后应修剪掉植株一半的高度。

素方花 '罗哈斯'
J. officinale 'Frojas' / 春季为美丽的黄叶，夏季变为绿叶，秋季则变为红叶。这是一个可以令人体会到季节变化乐趣的品种。

忍冬（金银花）
Lonicera japonica

忍冬科
半常绿~落叶藤本灌木
原产地：东亚
藤蔓长度：3~5m
花期：初夏
光照：全日照~半阴
耐寒性：强
耐热性：强

日本忍冬的花叶品种。绿叶上带有黄色的网纹。开花时大量的花朵会遮盖住整棵植株，散发出迷人的香味。花色会从白色变为黄色。定期修剪枝条，可以保持灌木的株形。

意大利忍冬 '滑稽演员'
L. × italica 'Harlequin' / 叶片带有绿色的斑纹，在低温期会变为鲜红色的彩叶。枝条不会过度生长，因此株形显得比较紧凑。花朵为淡粉色和白色的组合，有很好闻的香味。藤蔓长度：约3m
花期：初夏（秋季会再次开花）

腋花千叶兰
Muehlenbeckia axillaris

蓼科
常绿藤本灌木
原产地：新西兰
株高：10~15cm
开花期：秋
光照：全日照~半阴
耐寒性：中
耐热性：强

圆形的叶片长在铁丝般的纤细茎条上，叶片不直立。枝条生长旺盛且分枝性强，可以攀爬墙壁，具有覆盖性。十分耐修剪，生长过盛时应适当修剪，可以根据自己的喜好来调整株形。种植在温暖的地区可以保持常绿，因此也可以作为覆盖地面的植物。

'聚光灯'

'铁丝铲'

花 ▶

花叶地锦(川鄂爬山虎)

Parthenocissus henryana

葡萄科
落叶藤本灌木
原产地：中国
藤蔓长度：2~10m
花期：春
光照：全日照~半阴
耐寒性：强
耐热性：强

绿色的叶片上带白色叶脉，秋季变红，观赏性强。春季开黄色的花朵，之后结深蓝色的果实。攀缘性强，最适合作为覆盖墙面或地面的植物。生长一年后即可修剪，留下的枝条节点处又会萌发出新的芽点。

▼红叶

秋季会结出大量果实，颜色由蓝变黑，酝酿出别致的气氛。

▼果实

花叶五叶地锦
P. quinquefolia 'Variegata' / 叶片上带有如同冰霜状的白色斑纹，给人凉爽的印象。秋季能欣赏到红叶。原产地：北美　藤蔓长度：1~5m　花期：春末

地锦 '芬威公园'
P. tricuspidata 'Fenway Park'
/ 有着美丽的金黄色叶片的品种。与普通品种相比，生长较缓慢，株形更紧凑。
原产地：日本
藤蔓长度：3~4m　花期：初夏

◀红叶

茅莓'阳光飞溅'('散播者')

Rubus parvifolius 'Sunshine Spreader'

蔷薇科
常绿藤本灌木
原产地：东亚
藤蔓长度：0.4~2m
花期：春~初夏
光照：全日照
耐寒性：强
耐热性：强

茅莓有着金黄色的叶片，是树莓的近亲品种。由于习性强健，因此可以在略贫瘠的土地和沙地种植。此外，它的枝条生长旺盛，可作地被植物或用于制作组合吊篮。如果在造型紧凑的场合使用，可以适当修剪掉一些枝条。春季到初夏会开出粉色花朵并结出少量的红色果实，不太惹人注意。

花▶

枝条生长旺盛。由于枝条匍匐于地面，所以很容易扎根繁殖。

玉山悬钩子
R. calycinoides / 深绿色的厚实叶片到秋季会变为黄色、橙色、红色。春季会开出铃铛形的白色花朵。
原产地：中国台湾　花期：春

▲红叶

尼泊尔悬钩子
R. nepalensis / 叶片的特征为沿着叶脉表面有凹凸不平的褶皱。秋季叶片变红，冬季能观赏到叶片由橙红色变为古铜色。
原产地：尼泊尔　花期：春

▲花

素馨叶白英（悬星藤）

Solanum jasminoides

茄科
常绿藤本灌木
原产地：巴西
藤蔓长度：2~5m
花期：初夏~秋
光照：全日照
耐寒性：中
耐热性：强

　　纤薄、细长的叶片为夏日带来一丝清凉。从夏季就不断开出的星形花朵，颜色会从淡紫色变为白色。适合种植在光照充足且没有寒风的场所。枝条生长旺盛，可在春季或秋季修剪掉过度生长的枝条。

花叶素馨叶白英
S. jasminoides 'Variegata' /
叶片的边缘带有黄色斑纹。

蔓长春花 / 小蔓长春花

Vinca major / Vinca minor

夹竹桃科
常绿藤本灌木
原产地：欧洲
藤蔓长度：3~5m
花期：春~初夏
光照：全日照~半阴
耐寒性：强
耐热性：强

　　蔓长春花拥有长3cm左右的叶片，小蔓长春花的叶片相比之下会更小些。它们都可以灵活运用于覆盖地面、制作垂吊造型的吊篮和组合盆栽。植株皮实且枝条会不断伸展，过于茂盛时适当进行修剪即可。

花叶蔓长春花

金心蔓长春花
V. minor 'Illumination' / 叶片有着鲜艳的金黄色斑纹。

黄金蔓长春花
V. major 'Wojo's Jem' / 叶片带中型斑纹的品种。 与叶片边缘带有斑纹的品种相比，生长较缓慢。

金边蔓长春花
V. minor 'Aureo variegata' / 叶片长度约2cm、略硬。枝条匍匐生长，能够如同地毯般覆盖地面。 由于生长缓慢，需要一定时间才能达到大面积的遮盖。

姬长春草（属于小蔓长春）

藤本
植物

亚洲络石
Trachelospermum asiaticum

夹竹桃科
常绿藤本灌木
原产地：东亚
藤蔓长度：2~10m
花期：初夏
光照：略阴
耐寒性：中~强
耐热性：强

　　亚洲络石习性强健且四季常绿，是植物中少见的可以全年装饰篱笆等垂直空间的珍贵灌木。到了初夏，整棵树都会开满带有香味的白色或粉色花朵。枝条生长旺盛，从茎部会长出附着根，可攀缘。无须担心病虫害。

花叶络石
T. asiaticum 'Variegatum' / 亚洲络石的斑叶品种。

'黄金锦' / 黄金络石
T. asiaticum 'Ogon Nishiki' / 深绿色的叶片上有大片鲜艳的黄色斑纹。株形紧凑。

▲ '黄金锦' 的新叶片

'三色葛'（花叶络石）
T. asiaticum 'Tricolor' / 新叶上带有白色和粉色的斑纹。株形紧凑。

'五色葛'（五色络石）
T. asiaticum 'Goshiki' / 分细叶和宽叶两个品种。无论是哪种，新叶上都会带点白色和粉色的条纹。株形紧凑。

▲ '五色葛' 的红叶

树木
Tree

与草花相比，树木的体型更为庞大，对花园的观感影响更大，
在花园中更要注重合理运用，根据空间的大小慎重地选择树木的品种。

大花六道木

Abelia × grandiflora

忍冬科
常绿灌木
原产地：中国
树高：0.3~2m
花期：春~秋
光照：全日照~半阴
耐寒性：强
耐热性：强

叶片富有光泽，枝条繁茂，形成略带凌乱的树形。从春季到秋季，开出铃铛般的淡粉色小花。冬季在温暖地区可以观赏到常绿的树叶，但在寒冷地区则会落叶。习性强健，抗病虫害能力强，又耐修剪，可以用作树篱。株形紧凑，也可以组合种植。

大花六道木 '万花筒'
A. × grandiflora 'Kaleidoscope' / 叶片带有淡黄绿色外缘的斑叶品种。叶色会随着秋冬季节的变化，从橙色变为红色。比较矮的灌木。树高：约80cm

大花六道木 '五彩纸屑'
A. × grandiflora 'Confetti' / 乳白色的复色斑叶在秋季会变成红色。株形紧凑，枝条不易徒长，因此几乎不需要修剪。树高：约60cm

金叶大花六道木 '霍普雷斯'
A. × grandiflora 'Hopleys' / 叶片带金黄色外缘的斑叶品种。树高：约80cm

朝鲜冷杉

Abies koreana

松科
常绿针叶树
原产地：朝鲜半岛
树高：约15m
花期：春
光照：全日照
耐寒性：强
耐热性：中

大型枝条横向伸展，形成美丽的圆锥形树冠。柔软的绿叶背面为醒目的银白色。耐寒性强且抗强风，但不耐热，温暖地区需要种在没有西晒的地方。

髭脉桤叶树'武田锦'

Clethra barbinervis

桤叶树科
落叶乔木
原产地：日本
树高：3~7m
花期：夏
光照：全日照~微半阴
耐寒性：强
耐热性：强

成熟的叶片有着美丽的散乱斑点，新叶是漂亮的粉红色。夏季会长出长长的花序，开出无数散发香气的白色小花。喜湿润的土壤，易于种植。幼苗时期，枝叶容易变得凌乱，随着生长又会重新聚拢。

紫金牛
Ardisia japonica

报春花科
常绿灌木
原产地：东亚
树高：10~30cm
开花期：夏
光照：半阴~全阴
耐寒性：中~强
耐热性：强

　　原生于光照不充足的森林地带，习性强健，容易种植。有各种各样的斑叶品种，常绿品种最适合作为地被植物或是用于组合盆栽。宜种植在不会极度干燥且排水良好的半阴和全阴的环境。冬季在光照良好的场所生长得很好。

贝利荆

Acacia baileyana

豆科
常绿乔木
原产地：澳大利亚
树高：因品种而异
花期：早春
光照：全日照
耐寒性：中
耐热性：强

　　贝利荆有着银色蕾丝般的美丽细叶。早春会开出一朵朵蓬松、飘逸的黄色或乳白色花朵。生长迅速，叶片和枝条生长旺盛，需要种植在宽阔的场所。习性强健且容易种植，不太耐寒，在寒冷地区可以种植在花盆里过冬。枝条柔软，不耐风雪，需要支架来支撑。

▶叶

紫叶贝利荆
A. baileyana 'Purpurea' / 春季的新叶为深紫色，夏季则变为银蓝色。枝条直立，呈灌木状。树高：约10m

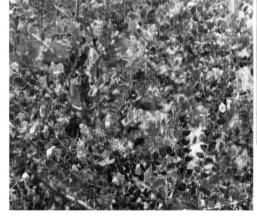

银叶金合欢
A. podalyriifolia / 圆形的叶片质感如同天鹅绒。生长茂密，呈灌木状。树高：约5m

金合欢 '蓝色布什'
A. covenyi 'Bule Bush' / 叶片纤细、
美观。树高：约5m

流苏相思树
A. fimbriata / 柔软、垂顺的枝头上在花期会开满金黄色
花穗，十分美观。株形比较紧凑。树高：约3m

刀叶相思树
A. cultriformis / 叶片为独
特的三角形。枝条直立，呈
灌木状。树高：约6m

银荆 '莫尼卡'
A. dealbata 'Monica' / 体型最
小的品种，适合种植在狭窄的场
所或花盆里。树高：约1m

槭树
Acer

无患子科（枫树科）
落叶乔木
原产地：因品种而异
树高：4~25m
花期：春
光照：全日照~半阴
耐寒性：强
耐热性：中~强

　　带有撕裂状缺口的叶片是枫树类的叶片特征。叶片的缺口和叶色因品种而异。喜阳，不耐干燥，夏季强烈的阳光会灼伤叶片。根部容易缺水，可以在根部种植一些地被植物，或是铺上树皮、腐叶土等遮盖住表土，以减缓土壤水分蒸发。

双色桲叶槭（复叶槭）'火烈鸟'
A. negundo 'Flamingo' / 飘逸的薄叶给人耳目一新的印象。白色的斑叶在花园里特别吸引眼球，新叶粉色。枝条较细没有压迫感。生长速度比金叶桲叶槭慢。树高：约5m

金叶桲叶槭
A. negundo 'Aureomarginatum' / 春季的叶色非常美丽，之后会变成具有对比效果的黄绿色。适当修剪枝条可以调整株形。树高：约8m

桲叶槭 '凯利金'
A. negundo 'Kelly's Gold' / 鲜艳的金叶品种。叶片在春季会闪耀着美丽的光泽。夏季叶色会变成石灰绿，稍微有点褪色，但不影响叶片的观赏性。生长较快。树高：约8m

鸡爪槭
A. palmatum var. *amoenum* cv. *Sanguineum* / 大红枫的园艺品种之一。春季新叶为红色，夏季则变为绿色，到了秋季又会变为红色。树高：约8m

红枫 '银色红衣主教'
A. × conspicuum 'Silver Cardinal' / 叶片带有细微的皱纹，新叶带有红、白两色的斑纹，到了夏天则变为白色的斑纹。枝条和树干在幼苗时期呈红色，成熟后会变为绿色。树高：约8m

◀ 春　　　　　▲ 夏　　　　　▲ 秋

彩叶槭 '花散里'
A. buergerianum 'Hana chiru sato' / 春天的新叶如纯白的花朵般舒展，夏季变为黄绿色至绿色，秋季变为红色至古铜色，全年都能享受到叶色变化的乐趣。生长快且习性强健，株形紧凑，可以通过适当修剪枝条来调整株形。树高：约6m

紫叶挪威槭 '红国王'
A. platanoides 'Crimson king' / 掌状的5裂叶片直径约10cm。新叶为明亮的紫红色，老叶反面为带有光泽的紫红色。喜光，耐寒性强。树高：约12m

挪威槭 '普林斯顿金'
A. platanoides 'Princeton Gold' / 存在感十足，从远处就能看见美丽的金黄色叶片，夏季会稍微褪色，但在凉爽的地区叶色可以一直保持到秋季。树高：约8m

花叶挪威槭（鹰爪挪威槭）
A. platanoides 'Drummondii' / 叶片外缘有明亮的乳白色斑纹。幼苗在夏季应避开强烈的阳光直射，防止叶片被灼伤。树高：约12m

毛叶独雀花
Adenanthos sericeus

山龙眼科
常绿灌木
原产地：澳大利亚
树高：1~4m
花期：春~初夏
光照：全日照
耐寒性：中
耐热性：中

该品种的一大特征是蓬松、柔软的叶片。春季到初夏会开出红色的小花。耐旱性强，但不耐高温多湿，需要种植在排水性好的场所。冬季霜降后叶片会被冻伤，可以种植在花盆里，挪到能晒到太阳的地方管理。少肥也可生长良好。

香柳梅'黑色尾巴'
Agonis flexuosa 'Black Tail'

桃金娘科
常绿~半常绿乔木
原产地：澳大利亚西部
树高：3~6m
花期：夏~秋
光照：全日照
耐寒性：中
耐热性：强

深绿色的细叶在低温时会变黑。树形和叶色具有时尚感，适合盆栽或与其他植物配植。夏秋季会开出白色的小花。温暖地区可以在花园里种植。

叶色随着气温降低会变成黑色。气候温暖时会变成独特的暗绿色。

紫叶合欢树'夏日巧克力'
Albizia julibrissin 'Summer Chocolate'

豆科
半常绿乔木
原产地：东亚
树高：5~10m
花期：夏
光照：全日照
耐寒性：强
耐热性：强

羽状的巧克力色叶片充满了凉爽的气息，令人印象深刻。花色为粉红色，与叶色形成鲜明对比。在阴凉的环境中叶片不呈巧克力色，因此应种植在阳光充足的场所。枝条过于茂盛时，可以在花后进行修剪。春季发芽缓慢。

◀花

洒金桃叶珊瑚
Aucuba japonica

山茱萸科
常绿灌木
原产地：日本
树高：1~2m
花期：春
光照：半阴~全阴
耐寒性：中
耐热性：强

常绿的大叶片富有光泽，装点着冬季的花园。冬季结出的果实很有魅力。雌雄异株，花朵很不起眼。耐阴性强，是阴生花园里的重要植物。寒冷地区无法露天越冬。

日本小檗
Berberis thunbergii

小檗科
落叶灌木
原产地：日本
树高：因品种而异
花期：春~初夏
光照：全日照
耐寒性：强
耐热性：强

　　丛生的茂密灌木。叶片密集着生的枝条上带有刺。春季到初夏会开出黄色的小花，秋季会结出红色的果实。全年都可以修剪，可以作为篱笆或树篱栽种。只要不是排水性很差的土壤，在光照良好的地方都能生长，如果种植在光照较差的场所，叶色会变得不好看。

小檗 '丑角'
B. 'Harlequin' / 叶片带有大量如同大理石纹路的斑纹。和玫红小檗相似，这个品种新长出的枝条也带有斑纹。树高：约2m

玫红小檗
B. 'Rose Glow' / 叶片深棕色。新叶带有如同大理石纹路的红底粉斑。
树高：约2m

小檗 '海梦佩拉'
B. 'Helmond Pillar' / 深紫红色的叶片斜向上生长。植株为圆锥形，适合并排种植。树高：约2.5m

春季的新叶 ▶

金叶小檗
B. 'Aurea' / 美丽的黄色叶片到秋季会变成带有橙色的红叶。
树高：约1m

▲红叶

紫叶小檗
B. 'Atropurpurea' / 叶片紫红色。植株生长较缓慢。树高：约2m

▲花

小檗 '金环'
B. 'Golden Ring' / 紫红色的叶片外缘为黄色的斑纹。生长迅速，是小檗中的大型品种。树高：约2.5m

▲红叶

紫叶桦
Betula pendula 'Purpurea'

桦木科
落叶乔木
原产地：亚洲东北部、欧洲
树高：10~20m
花期：春
光照：全日照~半阴
耐寒性：强
耐热性：中

与桦树为近亲品种。新叶为鲜艳的紫红色，而后慢慢变为深紫色。此外，幼苗的树干为黑色，随后变白，最后又会变成灰色。生长缓慢，非常适合栽植在花园里。栽种时，注意避开夏季西晒强烈的地方，宜种植在保湿性和排水性良好的场所。

金叶垂枝桦木 '金云'
B. 'Golden Cloud' / 叶片金黄色，春季到初夏期间叶色特别鲜艳。树高：约10m

花叶垂枝桦木 '银边'
B. 'Silver Edge' / 带有斑纹的叶片给人凉爽的印象。树皮白色。树高：约15m

醉鱼草
Buddleja

醉鱼草科
半常绿~落叶灌木
原产地：中国
树高：1~5m
花期：夏~秋
光照：全日照
耐寒性：强
耐热性：强

生长旺盛的枝条上飘逸着细长的绿叶，显得简洁而又自然。每年枝条的顶端会开出圆锥形的花朵，花色有紫红色、紫色和白色等。散发着甘甜香味的花朵很容易吸引蝴蝶。生长迅速且习性强健，大多数品种的自然树高在5m左右。建议每年3月前后修剪到2m左右的高度。

大叶醉鱼草 '月光'
B. davidii 'Moonshine' / 粉色与紫色渐变的花朵和金黄色的叶片交相辉映。树高：约2m

金叶醉鱼草
B. davidii 'Aurea' / 叶色为明亮的金黄色，春季新叶尤为鲜艳。紫红色花朵和金黄色叶片形成对比美。树高：约3m

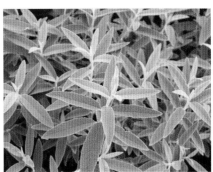

醉鱼草 '银色纪念日'
B. × 'Silver Anniversary' / 偏白的银色叶片质感柔软。原生的皱纹醉鱼草和聚花醉鱼草杂交培育的品种，花朵很有特色。
树高：约2m

花 ▲

金边锦熟黄杨

Buxus sempervirens 'Elegantissima'

黄杨科
常绿灌木
原产地：日本以及朝鲜半岛
树高：0.6~1.5m
花期：春
光照：全日照~半阴
耐寒性：中~强
耐热性：强

叶片翠绿的底色上有斑驳的乳白色斑纹。生长比较缓慢，株形直立紧凑，通过修剪就可以用作覆盖地面和大面积花坛的边缘植物，也可作为树篱。

花叶欧洲栗

Castanea sativa 'Variegata'

山毛榉科
落叶乔木
原产地：欧洲
树高：20~30m
花期：初夏（果期：秋）
光照：全日照~半阴
耐寒性：强
耐热性：中~强

欧洲栗的斑叶品种，叶片上的乳白色斑纹为花园增添了一抹亮彩。夏季会开出黄绿色的尾巴状花序。秋季结出的果实带有白色的条纹，又被称为"白栗子"。喜夏季没有西晒的半阴环境。

北非雪松

Cedrus atlantica 'Gluca'

松科
常绿乔木
原产地：北美
树高：20~30m
光照：全日照
耐寒性：中~强
耐热性：强

蓝灰色的针叶很短，树叶和树枝很少，因此在花园里不会显得很突兀。叶色全年保持不变，冬季也有观赏性。生长缓慢，会长成漂亮的圆锥形。耐寒性较弱，生长旺盛，病虫害少。

岷江蓝雪花'沙漠天际'

Ceratostigma willmottianum 'Palmgold'('Desert Skies')

蓝雪科
半常绿灌木
原产地：中国
树高：0.6~1m
花期：夏~秋
光照：全日照~半阴
耐寒性：中~强
耐热性：强

金黄色的叶片和蓝紫色的花，再加上红色的茎，具有色彩对比的冲击感。叶色会随季节稍稍变化，秋季会变成橙红色。地下茎生长旺盛，耐寒性较弱，冬季可以在表面铺树皮、腐叶土等来保温。

紫叶加拿大紫荆'森林三色堇'

Cercis canadensis 'Forest Pansy'

豆科
落叶中高乔木
原产地：北美
树高：4~9m
花期：春
光照：全日照~半阴
耐寒性：强
耐热性：强

　　横向生长的枝条上长满了深色的大型棕色叶片，为景观带来冲击感。新叶会有美丽的光泽，随着生长光泽感会渐渐消失，但不会褪叶色。春季的枝条上会开满粉色的花朵。夏季也可以进行修剪，建议剪掉过长的枝条。

加拿大紫荆 '浮云'
C. canadensis 'Floating Clouds' / 叶片带美丽白色斑纹的品种。与'银云'相比，叶片较为耐晒。
树高：约8m

◀花

加拿大紫荆 '金心'
C. canadensis 'Heart of Gold' / 春季的新叶上会有特别的橙色条纹。相比一般的品种，叶片较耐晒。花色为粉色。
树高：约6m

加拿大紫荆 '银云'
C. canadensis 'Silver Cloud' / 斑叶的颜色会从粉红色逐渐变为白色。叶片不耐晒。
树高：约8m

树木

毛樱桃'沙耶金'

Cerasus tomentosa 'Saya Gold'

蔷薇科
落叶灌木
原产地：中国、韩国等
树高：2~3m
花期：春（果期：初夏）
光照：全日照~半阴
耐寒性：强
耐热性：强

闪耀着光辉的金黄色叶片和铃铛般悬挂在枝条的红色果实形成美丽的对比。种植在夏季没有西晒、排水性良好的场所为宜，最适合种植在落叶树下方。耐旱性强，但不耐涝，注意不要过度浇水。建议在冬季剪掉交错的枝条。果实可以食用。

连香树'红狐'

Cercidiphyllum japonicum 'Red Fox'

连香树科
落叶乔木
原产地：东亚
树高：5~10cm
花期：春
光照：全日照~半阴
耐寒性：强
耐热性：强

心形的叶片很有特色，新叶为棕色，夏季呈深绿色，秋季又变成黄色。喜光照良好且潮湿的场所。萌发力强，当枝条过度生长时可以通过修剪来控制。

▼新叶

光舞墨西哥橘

Choisya ternata 'Sundance'

芸香科
常绿灌木
原产地：墨西哥
树高：1.5~2m
花期：春
光照：全日照~半阴
耐寒性：中~强
耐热性：强

鲜艳的金叶品种，散发着清新的香味。春季会开出直径3cm左右的花朵。叶片全年都很美丽，在欧美具有很高的人气，适用于树篱。如果想得到紧凑的株形，可以通过打顶（修剪掉新叶）来促进枝条分叉。习性强健，生长缓慢，适合盆栽。

◀花

臭牡丹'粉钻'

Clerodendrum bungei 'Pink Diamond'

马鞭草科
落叶灌木
原产地：中国南部
树高：0.8~1.2m
花期：夏
光照：全日照~半阴
耐寒性：弱~中
耐热性：强

臭牡丹的斑叶品种。夏季会开出带有香味的深紫色球形花朵。尽可能避免种植在有西晒的场所。耐寒性较弱，在寒冷地区适合盆栽种植。地下茎生长茂盛，范围广。

◀花

墨西哥橘属 | 大青属

杨桐'三色'
Cleyera japonica 'Tricolor'

山茶花科
常绿乔木
原产地：中国、日本
树高：4~8m
花期：初夏
光照：半阴
耐寒性：中
耐热性：强

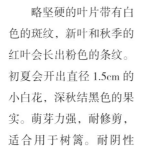

略坚硬的叶片带有白色的斑纹，新叶和秋季的红叶会长出粉色的条纹。初夏会开出直径1.5cm的小白花，深秋结黑色的果实。萌芽力强，耐修剪，适合用于树篱。耐阴性强，种植在阴生花园里可以起到提亮景致的作用。耐热性强但耐寒性弱，种植在寒冷地区需要做好防寒措施。

蜡瓣花'春金'
Corylopsis spicata 'Spring Gold'

金缕梅科
落叶乔木
原产地：日本
树高：2~4m
花期：春
光照：全日照
耐寒性：强
耐热性：强

◀花

低垂的枝条上早春会开满黄色的小花，之后会长出带有鲜艳条纹的金黄色叶片。这个时候闪闪发亮的叶色最为令人炫目，入夏后叶色会稍微变绿，到深秋会变成橙红色。几乎不需要修剪，如果植株开花性差，可以修剪掉一半的高度以促进开花。

紫叶榛
Corylus maxima 'Purpurea'

桦木科
落叶灌木或乔木
原产地：欧洲、西亚
树高：6~10m
花期：早春
光照：全日照~半阴
耐寒性：强
耐热性：强

榛树的改良品种。春季叶片紫红色，夏季紫色的叶片中混杂着绿色。幼苗时期的枝条比较紧凑，长大后就会横向生长，变得松散。喜光照和排水良好的场所。耐寒性强，习性强健。

春季深紫红色的叶片为花园增添了层次感。

日本针叶柳杉
Cryptomeria japonica cv. Tamasugi

柏科
常绿针叶矮灌木
原产地：日本
树高：0.5~2m
花期：春
光照：全日照
耐寒性：强
耐热性：强

生长缓慢，自然株形为紧凑的半球形。气温下降时，叶色会变为深橙色。耐热性、耐寒性俱佳，容易种植。适合在庭院中种植。

臭叶木

Coprosma

茜草科
常绿灌木
原产地：澳大利亚、新西兰
树高：0.2~2m
花期：春
光照：全日照
耐寒性：弱~中
耐热性：中~强

叶色和树形因品种而异，分直立性和攀缘性两类。在原产地，可以作为花园里的骨干树木，也可修剪作为树篱。秋季到初冬，红色的叶片会展现出最美丽的色彩。耐寒性较弱，除了温暖地区之外需要盆栽种植，冬季宜搬入室内管理。

臭叶木 '卡布奇诺'
C. 'Cappuccino' / 纤细的叶片呈巧克力色。秋季叶色会偏红。株形自然，是小型树中较高的品种。树高：约1.5m

白金葛
C. repens / 又称 '咖啡'，铜色叶片品种，叶片大，植株直立性好。树高：约2m

花叶臭叶木
C. × kirkii 'Variegata' / 臭叶木（杂交种）的花叶品种。叶片细长而又柔软，被人们广泛种植。
树高：约20cm

臭叶木 '比顿金'
C. 'Beatson's Gold' / 分枝性强，冠幅大。叶片细小呈椭圆形，有着美丽的黄色斑纹。
树高：约1.5m

臭叶木 '晚霞'
C. 'Evening glow' / 叶片富有光泽，暗绿色的底色中混有红色的条纹和黄色的斑点。叶片繁密，秋季会完全变红。
树高：约1.5m

澳洲朱蕉
Cordyline australis 'Atropurpurea'

天门冬科（龙舌兰科）
常绿乔木
原产地：新西兰
树高：5~15m
花期：初夏
光照：全日照
耐寒性：弱~中
耐热性：强

　　紫红色的剑形叶片呈放射状伸展，装饰效果十分突出。能耐一定程度的严寒，在冬季没有霜冻的地区可以在户外越冬。当土壤表面完全干燥后再浇水。

澳洲朱蕉 '红星'
C. australis 'Red Star' / 拥有富有紫色光泽的红叶。

澳洲朱蕉 '托贝眩晕'
C. australis 'Torbay Dazzler' / 绿色的叶片边缘有一圈乳白色的斑纹。

澳洲朱蕉 '日出'
C. australis 'Sunrise' / 叶缘为粉色的花叶品种。根据季节和温度的不同，叶色会相应变化。

四照花 '狼眼'
Cornus kousa 'Wolf Eyes'

山茱萸科
落叶乔木
原产地：东亚
树高：3~5m
花期：初夏
光照：全日照
耐寒性：强
耐热性：强

　　浅绿色的叶片带有白色的斑纹，叶片边缘呈波浪状的微矮化品种。入秋后叶片会略微变红。不耐夏季的强烈阳光，易被灼伤，因此要避开有西晒的地点。不耐干燥，喜富含有机腐殖质、保水性良好的土壤。自然株形美观，只需在冬季修剪掉拥挤交错的枝条即可。

叶 ▶　　　◀ 花

银边红瑞木
Cornus alba 'Elegantissima'

山茱萸科
落叶灌木
原产地：中国、俄罗斯北部
树高：1.5~3m
花期：初夏
光照：全日照~半阴
耐寒性：强
耐热性：强

　　随风飘逸的薄叶带有白色斑纹，给人清新的印象。树枝分叉多，呈灌木状。初夏会开出白花并在秋季结出小果实。落叶时期，整棵树的树干都会染上一层红色，为单调的冬季花园增添色彩。植株强健，耐重剪，枝条过度生长时，可以通过修剪来调整树形。叶片很薄，不耐晒，所以推荐种植在夏季没有西晒的场所。

◀花

花叶红瑞木
C. contriversa 'Variegata' / 叶片外缘有白色的清爽斑纹，夏季叶片容易被灼伤。新叶片呈黄白色，会渐渐变为白色。初夏会开出白色的小花。枝条横向伸展成美丽的伞状树形。在欧美地区有极高的人气。原产地：日本等东亚地区　树高：6~10m

大花四照花
Cornus florida

山茱萸科
落叶乔木
原产地：北美
树高：4~10m
花期：春
光照：全日照
耐寒性：强
耐热性：强

　　大花四照花的斑叶品种，给人明亮的印象。与山四照花和灯台树相比，叶片更圆润，株形更大。叶片会慢慢变红。枝条横向展开，需要种植在宽敞的场所。

大花四照花 '切诺基黎明'
C. florida 'Cherokee Day Break' / 叶片上的斑纹会从乳白色渐渐变为白色。秋季叶片变成粉红色。花朵白色。

大花四照花 '切诺基日落'
C. florida 'Cherokee Sunset' / 叶片带有黄色的斑纹。新生的叶片上会有红色的条纹。入秋后会变成美丽的红叶。花朵深粉色。

▲红叶

大花四照花 '彩虹'
C. florida 'Rainbow' / 春季叶片的斑纹为黄色，夏季则变为乳白色，到了秋季则变为带有粉色条纹的红叶。花朵白色。

黄栌

Cotinus coggygria

漆树科
落叶灌木或小乔木
原产地：东亚、南欧
树高：2.4~4m
花期：夏
光照：全日照
耐寒性：强
耐热性：强

　　蓬松的花朵一起绽放后，远远望去就仿佛是一团团红雾。修剪应选在冬季落叶期进行。秋季如果摘除过多的花芽，之后就观赏不到花朵了。耐旱性很强，同时也具有一定的耐热性、耐寒性，易于种植。

'天鹅绒'
C. coggygria 'Velvet Cloak' / 偏小型的品种，有着与 '皇家紫' 相似的古铜色叶片，但颜色偏淡。幼苗会开出雾状的红色花穗，极具观赏性。
树高：约3m

'感恩'
C. coggygria 'Grace' / 刚发芽的时候叶片为酒红色，之后慢慢变为古铜色。夏季开出红色的花穗，到了深秋则能观赏深棕色的红叶。树高：约4m

'绿色喷泉'
C. coggygria 'Green Fountain' / 植株较矮且多花。花穗一开始带有粉色的条纹，随后渐渐变为绿色。清爽的翠绿色叶片在深秋时会变成棕色的红叶。
树高：约2.5m

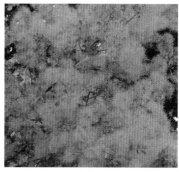

'年轻小姐'
C. coggygria 'Young Lady' / 花量繁多的优秀品种。幼苗时期就能开出大量的花朵。叶色为明亮的绿色，深秋变为棕色。树高：约3m

'金色精神'
C. coggygria 'Golden Spirit' / 石灰色的叶片十分美丽，刚发芽的叶片更是鲜艳夺目。夏季会开出粉色的花朵，入秋后叶片从橙色变为红色。
树高：2~3m

'皇家紫'
C. coggygria 'Royal Purple' / 深紫色的叶片在夏季更美观。生长在光照充足的地方，叶色会更深。
树高：约3m

铁丝网灌木
Corokia cotoneaster

山茱萸科
常绿灌木
原产地：新西兰
树高：2~3m
花期：春~初夏
光照：全日照~半阴
耐寒性：中
耐热性：强

铁丝般的细枝弯曲缠绕，叶片带有灰色的条纹。春季到初夏会开出星形的黄色小花。不耐高温多湿，宜种植在光照通风良好的地方，适合盆栽。每年都可以修剪，如果想要紧凑的株形可以适当剪短枝条。

花叶铁丝网灌木 '阳光飞溅'
C. × virgata 'Sun Splash' /
叶片较大，带有黄色的斑纹。

绿干柏'硫黄'
Cupressus arizonica 'Sulfurea'

柏科
常绿针叶乔木
原产地：北美
树高：3~4m
光照：全日照~半阴
耐寒性：强
耐热性：强

绿干柏以蓝色系叶片而闻名，又称蓝冰柏。柔软的蓝绿色薄叶随着温度下降会变为褐色。生长缓慢和不会凌乱的株形也是特点。枝条全部向上伸展生长，形成漂亮的圆锥形。根系在干燥的土壤中无法固定，因此要避免强风吹袭。枝条几乎不需要修剪。

金边瑞香'前岛'
Daphne odora 'Maejima'

瑞香科
常绿灌木
原产地：中国
树高：1~1.5m
花期：早春
光照：全日照
耐寒性：中~强
耐热性：强

小花会散发出香甜的芬芳。叶片边缘的黄斑颜色很深。花苞红色，花朵淡粉色。枝条纤细、分枝多，会形成自然的圆球形灌木丛，几乎不需要修剪。此外，这个品种不耐移栽，换盆和定植都要在幼苗时期进行。

花叶双花木'惠那锦'
Disanthus cercidifolius 'Ena Nishiki'

金缕梅科
落叶灌木
原产地：日本
树高：2~3m
花期：秋
光照：全日照~半阴
耐寒性：中
耐热性：强

圆润的绿色心形叶片，四周镶嵌了白色的外缘。深秋，白斑部分保持不变，绿色部分则变为红色。种植在光照充足的地方可以观赏到鲜艳的红叶。喜潮湿，不耐干旱，应避免种植在有西晒的地方。夏季要注意土壤不要过于干燥。

紫叶车桑子
Dodonaea viscosa 'Purpurea'

无患子科
常绿灌木
原产地：澳大利亚
树高：1~3m
花期：初夏
光照：全日照
耐寒性：强
耐热性：强

红褐色的细叶富有光泽，夏季会有绿色的条纹，秋冬季红色部分会增加。初夏会开出红花并结出形状独特的果实。习性强健，几乎没有病虫害，容易种植。每年都可以修剪枝条，稍微调整就可以打造出漂亮的株形。

◀ 雌树的果实

金边埃比胡颓子
Elaeagnus × *ebbingei* 'Gilt Edge'

胡颓子科
落叶灌木
原产地：日本
树高：1.5~3m
花期：秋（果期：春）
光照：全日照
耐寒性：强
耐热性：强

胡颓子和蔓生胡颓子的杂交品种。深绿色的叶片外缘有鲜艳的黄斑。春季的新叶为银色，带有淡淡的黄斑，随着生长斑纹的颜色会渐渐加深。此外，秋冬季的叶色更明亮。喜光照良好、肥沃的地方，对土质没有特殊要求。可以大片种植，修剪后可作为树篱。

金心胡颓子
E. 'Limelight' / 绿叶的内部有黄色斑纹的品种。
树高：约3m

沙枣

Elaeagnus angustifolia

胡颓子科
落叶灌木
原产地：中亚、俄罗斯
树高：4~7m
花期：初夏
光照：全日照
耐寒性：强
耐热性：强

胡颓子的一种，有着和橄榄相似的银叶。耐寒性、耐热性都不错，生长较快，在寒冷地区可作为无法露天过冬的橄榄的替代植物。可通过修剪自由控制树高，可以盆栽。初夏时会开出带有香味的淡黄色小花。

花叶异株五加

Eleutherococcus sieboldianus 'Variegatus'

五加科
落叶灌木
原产地：中国
树高：1~2.5m
花期：初夏
光照：全日照~全阴
耐寒性：中~强
耐热性：强

外缘带乳白色斑纹的小叶呈掌状生长。初夏，星星般的白花呈伞状花序绽放。枝条上有刺，雌雄异株。习性强健且生长快，耐阴性强。重剪后可以并排种植成树篱。

北海道黄杨

Euonymus japonicas

卫矛科
常绿灌木
原产地：中国、日本
树高：1~5m
花期：初夏
光照：全日照~半阴
耐寒性：中~强
耐热性：强

叶片带有黄斑，呈现出皮革般的光泽。初夏开出石灰绿色的小花，冬季结出红色的果实。耐阴性强，是阴生花园里不可多得的重要提色植物。此外，它对大气污染、海风具有一定的抗性，习性强健且生长快速，可以作为树篱使用。

尤加利(桉树)
Eucalyptus

桃金娘科
常绿乔木
原产地：大洋洲
树高：5~70m
花期：因品种而异
光照：全日照
耐寒性：因品种而异
耐热性：中~强

带有芳香的银色叶片是其特征。生长旺盛，在原产地最高能达到70m。为了打造紧凑的株形，小苗长到一定程度时必须进行打顶摘心。盆栽的桉树大多数能长到2~3m。耐旱性强，但不耐多湿，注意不要过度浇水。

冈尼桉
E. gunnii / 椭圆形的叶片密集生长。非常容易种植，是尤加利中较耐寒的品种。树高：约5m　耐寒性：中~强　耐热性：强

多花桉
E. polyanthemos / 有着可爱的圆形叶片，是非常受欢迎的品种。生长较缓慢。
树高：约6m　耐寒性：中

心叶桉
E. websteriana 'Little Heart' / 小叶呈心形，十分可爱。株形非常紧凑。
树高：约3m　耐寒性：中

贯月桉
E. perriniana / 圆形的叶片仿佛串在茎上生长。株形高大，可通过修剪来控制高度。树高：约8m　耐寒性：中~强

花叶柃木
Eurya japonica

山茶科
常绿灌木
原产地：日本
树高：1~3m
花期：春
光照：全日照~半阴
耐寒性：中~强
耐热性：强

柃木十分耐阴，在阴凉的环境下也能生长。富有光泽的乳白色花叶能提亮花园。自然生长的株形很好，因此基本不需要修剪。枝条的萌发力强，可以作为树篱种植。

与普通的柃木相比，叶片更细、耐阴性更强，是非常强健且容易种植的品种。

紫叶山毛榉

Fagus sylvatica 'Purpurea'

山毛榉科
落叶乔木
原产地：欧洲
树高：5~30m
花期：春
光照：全日照~半阴
耐寒性：强
耐热性：中

　　欧洲山毛榉的紫叶品种，有着非常别致的深紫色叶片。除了日常修剪交错的枝条外，应尽可能地减少人工修剪以维持其自然的株形。不耐夏季的高温，因此需选择凉爽、排水性好的场所种植。另外，还要注意防范小蠹虫和天牛等虫害。

紫叶山毛榉 '达维克紫'
F. sylvatica 'Dawyck Purple'
/ 枝条直立性好。种植一年后，就能欣赏鲜艳的叶片。
树高：约12m

紫叶山毛榉 '红色方尖碑'
F. sylvatica 'Red Obelisk' /
深紫色的叶片微微卷曲。生长缓慢，株形美观。
树高：约12m

三色紫叶山毛榉
F. sylvatica 'Tricolor' / 紫色的叶片边缘会从粉色变为玫瑰色，从春季发芽开始到秋季能观赏到细微的颜色变化。树高：约9m

花叶八角金盘 '蓝绵绸'

Fatsia japonica 'Tsumugi Shibori'

五加科
常绿灌木
原产地：日本
树高：2~3m
花期：晚秋~冬
光照：半阴~全阴
耐寒性：中~强
耐热性：强

　　花叶八角金盘手掌般的大叶片如同雕刻的装饰物一样装点着花园。细小的白色斑纹给人凉爽的感觉。晚秋到冬季会开出放射状的白色花朵，随后结出绿色的果实，果实会在春季成熟、变黑。这个品种原生于山林坡地，因此可以全年在半阴或全阴的环境中生长。夏季只需注意避免过于干燥。

花朵和果实 ▶

斐济果
Feijoa sellowiana

桃金娘科
常绿灌木
原产地：中南美
树高：3~4m
花期：夏（果期：晚秋）
光照：全日照
耐寒性：中~强
耐热性：强

　　常绿的银叶果树，叶片背面布满了短茸毛。夏季会开出独特的花朵。不同品种之间交叉授粉不会结果实，如果想让植株结果，应使用人工授粉的方法。习性强健，耐寒性较强，喜没有寒风的温暖场所。

◀花

高山桧柏'蓝地毯'
Juniperus squamata 'Blue Carpet'

柏科
常绿灌木
原产地：亚洲
树高：40~80m
光照：全日照
耐寒性：强
耐热性：中~强

　　春季到夏季的叶片为偏灰的绿叶，秋季到冬季则能观赏到略带茶褐色的红叶。习性强健，生长迅速，枝条匍匐蔓延，适合作为地被植物。在全阴的环境下会生长不良。

美国金叶皂荚'旭日'
Gleditsia triacanthos 'Sunburst'

豆科
落叶乔木
原产地：北美
树高：6~12m
花期：春~初夏
光照：全日照
耐寒性：强
耐热性：强

　　美国金叶皂荚是无刺的园艺品种。刚发芽的叶片为深黄色，随着生长会变为黄绿色。枝条横向生长，纤细的枝叶给人清爽的感觉。习性非常强健，易于种植，但枝条容易折断，需种植在没有强风的场所。花朵很小，不太显眼。

春季长出的新叶和秋季的叶片均为金黄色。适合作为花园的标志性树木。

美国皂荚 '红宝石蕾丝'
G. triacanthos 'Ruby Lace' / 新长出的叶片为紫红色，最终会变成带有茶色条纹的绿色，秋季时会全部变成绿色并掉落。

银叶伞花蜡菊(伞花麦秆菊)
Helichrysum petiolare

菊科
常绿灌木或多年生草本
原产地：南非
树高：30~60cm
花期：初夏
光照：全日照
耐寒性：中
耐热性：强

银色的叶片上密布白色的茸毛，为植株增添了一份柔情。初夏会开出黄花，但为了维持美丽的叶色，建议在花蕾形成前就将其摘除。植株长得过高时可以进行修剪，将底部有枯叶的枝条剪掉作为扦插的枝条使用，可促进植株更新。不耐高温多湿的环境，应种植在通风良好的地方进行管理。

用于组合盆栽时，能营造明亮、柔和的气氛。

意大利蜡菊 '科尔玛'
H. Italicum 'Korma' / 又称咖喱草。细叶密集生长，茎很纤细，枝叶展开后显得有点拥挤凌乱。

天山蜡菊
H. thianschanicum / 线状的细叶品种。株形密集。

银叶伞花蜡菊 '石灰光'
H. petiolare 'Limelight'

锦叶扶桑
Hibiscus rosa-sinensis 'Cooperi'

锦葵科
常绿灌木
原产地：中国、印度
树高：0.8~1.5m
花期：夏
光照：全日照
耐寒性：弱
耐热性：强

绿色、红色、白色叶片的对比，让花园也变得凉爽起来。夏季会开出朱红色的小花朵。适合用作组合盆栽和花坛的点缀。喜光照良好的场所，耐寒性较弱，在大部分地区都不能户外种植，冬季应挪至室内管理。病害虫较少。

红叶槿
H. acetosella / 叶色为非常特别的紫红色，花朵为紫红色和白色。喜光，在阳光不足的地方茎部的红色会变淡，植株长势变弱后容易长介壳虫。耐寒性较弱，冬季需搬入室内管理。
原产地：非洲 树高：约1m

金边长阶花 '心碎'

Hebe 'Heartbreaker'

玄参科
常绿灌木
原产地：澳大利亚、新
西兰、南非
树高：50~70cm
花期：初夏
光照：全日照
耐寒性：中~强
耐热性：强

带有乳白色斑纹的绿色叶片很美观。新叶和低温时期的叶片呈粉色并带条纹，非常美丽。初夏会开出石灰色的小花。和普通的长阶花相比，耐寒性更强，可以在没有寒风和霜的屋檐下种植。在寒冷地区，应放在室内管理。注意避开高温多湿的环境。

◀红叶
非常适合应用于需要紧凑造型的组合种植。植株长得过大时，可以在花后进行修剪。

金丝桃

Hypericum

金丝桃科
落叶~常绿灌木
原产地：北半球
树高：因品种而异
花期：初夏
光照：全日照~半阴
耐寒性：强
耐热性：强

金丝桃有很多品种，都会在初夏开出鲜艳的黄色花朵。不同品种的树高、花朵大小和是否结果实等都各异。金丝桃耐热性强，但不耐夏季阳光直射，因此应种植在夏季半阴的场所。

三色金丝桃
H. × moserianum 'Tricolor' / 美丽的绿叶边缘有红色和粉色的斑纹。具有横向生长的特性，因此适合用于吊篮或作地被植物。树高：约30cm

◀花

蔷薇金丝桃
H. cerastoides 'Silvana' / 带有银色细叶的枝条如同地毯般铺张开来。初夏会开出大量的黄色小花，但不会结果。适合作为小面积的地被植物或用于组合盆栽。树高：约10cm

黄金大萼金丝桃
H. calycinum 'Goldform' / 叶片在春季到夏季期间为鲜艳的石灰色，到了秋季之后会变成橙红色。习性强健且株形紧凑，是适合作为地被植物的优良品种。树高：约30cm

浆果金丝桃
H. androsaemum / 棕叶品种中的优秀品种。特别是发芽时期和秋季的叶片，叶色鲜艳美丽。开出的黄色花朵和叶片形成绝妙的对比。树高：约1.5m

栎叶绣球 '小甜蜜'

Hydrangea quercifolia 'Little Honey'

绣球科
落叶灌木
原产地：北美
树高：0.5~1.2m
花期：初夏
光照：全日照~半阴
耐寒性：强
耐热性：强

为了改良成紧凑的株形而培育的栎叶绣球中的低矮型品种。春季的新叶为金黄色，初夏以后变为黄绿色，秋季则变为红色。花朵为白色的单瓣花。生长迟缓，几乎不需要修剪。夏季要避免强光直晒，推荐种在阳光充足、排水良好且不会干燥的场所。

阳光强烈时，叶片容易被灼伤。

枸骨叶冬青

Ilex aquifolium

冬青科
常绿灌木
原产地：欧洲、非洲以及亚洲西南部
开花期：春~夏
光照：全日照~半阴
耐寒性：中~强
耐热性：强

全年都能观赏到富有光泽的带刺常绿叶片。由于这个品种为雌雄异株，因此如果想要植株结果实必须要有雄株。萌芽力强，耐修剪。习性强健，易于种植，病虫害少。

小叶枸骨
I. dimorphophylla / 幼苗规格的小叶枸骨又被称为 '姬冬青'，长大后叶片会变圆。原产地：日本（奄美大岛）树高：约2m

黄金枸骨
I. × attenauata 'Sunny Foster' / 亮黄色的美丽叶片与冬季结出的红色果实形成绝妙的对比。
树高：约4m

北美冬青 '蓝公主'
I. × meserveae 'Blue Princess' / 新叶为绿色，降温后渐渐变黑。为雌株品种，为了在冬季结出果实，需要和雄株的 '蓝王子' 品种授粉。树高：约3m

圣诞冬青（金边枸骨叶冬青）
I. aquifolium 'Argentea Marginata' / 叶片有一圈乳白色的外缘。
树高：约8m

花叶木藜芦
Leucothoe fontanesiana

杜鹃花科
常绿灌木
原产地：北美
树高：0.5~1.5m
花期：春~初夏
光照：全日照~全阴
耐寒性：强
耐热性：强

　　弓形的枝条上生长着带有光泽的厚实叶片。春季到初夏期间会开出和马醉木相似的白色壶形小花。地下茎匍匐蔓延，适合作地被植物。耐旱性不强，适宜种植在夏季没有直射阳光且略微潮湿的场所。不需要特别修剪。

花叶木藜芦 '彩虹'
L. fontanesiana 'Rainbow' / 刚发芽的叶片带有红色和乳白色的斑纹。成熟的老叶会变成绿色。
树高：1~1.2m

腋序木藜芦
L. axillaris / 深绿色的叶片富有光泽，之后会慢慢变红。
树高：约1.5m

垂枝木藜芦
L. fontanesiana 'Makijaz' / 新叶为紫红色，随后逐渐出现白色的斑纹。可以培育成圆形的造型。树高：约50cm

腋序木藜芦 '小火焰'
L. axillaris 'Little Flames' / 新叶为红色，叶片向上直立生长的小型改良品种。
树高：约50cm

垂枝木藜芦 '白水'
L. fontanesiana 'Whitewater' / 叶片外缘有白色的斑纹，横向生长。株形紧凑。树高：约80cm

腋序木藜芦 '珊瑚红'
L. axillaris 'Coral Red' / 新芽带有红色的条纹，老叶则带有深绿色光泽。叶片非常美丽。树高：约80cm

三色腋序木藜芦
L. axillaris 'Tricolor' / 有红、白、绿三种美丽的颜色。生长缓慢且叶片较小。
树高：约80cm

花▶

银姬小蜡

Ligustrum sinense 'Variegatum'

木犀科
常绿~半常绿灌木
原产地：中国
树高：2~4m
花期：春~初夏
光照：全日照~半阴
耐寒性：中~强
耐热性：强

　　白色斑纹的小叶活泼可爱。圆锥形的白色小花散发出淡淡的清香。植株强健，对种植环境没有特殊要求，除了寒冷地区以外的地方都可以作为常绿树来观赏。枝条生长旺盛，耐修剪，可以根据需要调整株形。也可以作为树篱使用。

▲花

银姬小蜡 '柠檬石灰'
L. sinense 'Lemon and Lime' / 叶片带有亮黄色斑纹的美丽品种。
树高：约1.5m

三色女贞
L. lucidum 'Tricolor' / 亮绿色的叶片上有黄白色的斑纹。春季新叶上长有红色的条纹，降温后会变成红叶。耐寒性较弱，在日本关东以西地区可以露天地栽。初夏会开出白色的小花，到了秋天结出黑色的果实。树高：约5m　耐寒性：中

日本花叶女贞 '橙色皮革'
L. japonicum 'Coriaceum Aureum' / 富有光泽的椭圆形叶片顶部会卷曲成独特的形状。深绿色的边缘带有黄色的斑纹。初夏会开出味道很好闻的小花，秋季结出蓝黑色的果实。
树高：约1.5m

亮叶忍冬
Lonicera nitida

忍冬科
常绿~半常绿灌木
原产地：中国
树高：20~80cm

花期：初夏
光照：全日照~半阴
耐寒性：强
耐热性：强

密生着大量小叶的枝条斜向展开。植株强健，生长快，耐修剪，过度生长的枝条可以通过修剪来调整株形，也可以运用到组合盆栽中或作为地被植物。喜阳光充足且略微潮湿的场所，不太能耐干燥，平时注意不要缺水。

金叶忍冬
L. nitida 'Aurea' / 鲜艳的黄绿色叶片令人眼前一亮。入冬霜降后叶片会变成红色。叶片在夏季容易被强烈的阳光灼伤，因此需在半阴的环境下种植。
树高：约80cm

金边亮叶忍冬 '柠檬美人'
L. nitida 'Lemon Beauty' / 有着柠檬色的斑纹。与其他品种相比，略有匍匐性，适合作为地被植物。树高：约60cm

金边亮叶忍冬 '红尖'
L. nitida 'Red Tip' / 新芽褐色，油亮。枝条生长很快，推荐适当修剪株形。
树高：约80cm

红花檵木
Loropetalum chinense

金缕梅科
常绿灌木
原产地：中国
树高：4~5m
花期：春、晚秋
光照：全日照~半阴
耐寒性：中
耐热性：强

叶色为美丽的紫红色，夏季略带绿色的条纹。粉色的花朵和金缕梅相似，会开满整根枝条。春季和深秋皆会开花，一般春季的花量较大。喜阳光充足、温暖的场所。可修剪造型后将其作为树篱使用，建议在花后修剪。

▲花

红钱木 '魔法龙'

Lophomyrtus × ralphii 'Magic Dragon'

桃金娘科
常绿灌木
原产地：新西兰
树高：0.6~1.8m
花期：初夏
光照：全日照
耐寒性：中
耐热性：中

叶色为白、绿、粉三色。气温下降时，整棵树的叶片都会长出红色的条纹。初夏开出的白色小花略带花香。耐修剪，习性强健，容易种植，因此常被用于组合种植。耐寒性比较强，在温暖地区可以室外过冬。

红钱木 '凯瑟琳'
L. × ralphii 'Kathryn' /
叶色为深巧克力色。
树高：约3m

台湾十大功劳

Mahonia(Berberis) japonica

小檗科
常绿矮灌木
原产地：中国
树高：1.5~2.5m
花期：冬至次年早春
光照：全日照~半阴
耐寒性：强
耐热性：强

革质叶片的边缘为锯齿状，枝条呈放射状向四面伸展。冬季到次年早春时期，黄色的花朵呈总状花序开放，秋季黑色果实的表面上有一层白粉。耐阴性强，具有水润感。气温下降后叶片会变红。

果实 ▶

花 ▶　　　　　红叶 ▶

细叶十大功劳
M. fortunei / 叶片细长。秋季开花。
树高：约2m

黄金香柳 '革命金'

Melaleuca bracteata 'Revolution Gold'

桃金娘科
常绿灌木
原产地：澳大利亚
树高：2~5m
花期：春
光照：全日照
耐寒性：弱~中
耐热性：强

纤细的金黄色叶片在风中摇曳，几乎不会开花，整棵植株给人一种轻盈的感觉。喜排水良好的场所，冬季也应保持湿润。日本关东以西的温暖地区可以露天种植。耐寒性较弱，应注意避免寒风吹袭。生长迅速，若生长过于茂盛可以在花后进行修剪。

花叶新西兰圣诞树

Metrosideros excelsus 'Variegata'

桃金娘科
常绿乔木
原产地：新西兰
树高：5~10m
花期：夏
光照：全日照
耐寒性：弱~中
耐热性：中

深绿色的圆形叶片上带有黄色的斑纹。叶片的背面和新叶上披有白色短毛。夏季会开出毛刷般的亮红色花朵。耐热性及耐寒性较弱，夏季要避免强烈的阳光，温暖地区以外的地方应搬入室内管理。选择阳光充足且排水良好的场所种植。

开放红色或黄色的花朵，具有异国情调。

花叶香桃木

Myrtus communis 'Variegata'

桃金娘科
常绿灌木
原产地：地中海沿岸
树高：0.8~2m
花期：初夏
光照：全日照~半阴
耐寒性：中
耐热性：中

厚实的叶片外缘有乳白色的斑纹，轻轻揉搓叶片会散发出香味，常作为香料植物种植。初夏，带有大量雄蕊的白花紧贴着叶片根部绽放。花后结出的小果子会在秋季变成蓝黑色。喜阳光充足、排水良好的场所。改良后的小型品种被称为变种花叶香桃木。

南天竹 '满福'

Nandina domestica cv. Otafukunanten

小檗科
常绿灌木
原产地：中国
树高：50~60cm
花期：初夏
光照：全日照~半阴
耐寒性：中~强
耐热性：强

叶片带有白色斑纹。秋冬季节能观赏到全红的叶片。与普通南天竹的区别在于它不会结果实。株形紧凑，不需要修剪。在全阴的环境下也能生长良好，特别适合作为朝北处的地被植物。在光照充足的地方叶片的颜色会更为鲜艳。不耐干燥，应注意浇水。

新叶有斑纹，入秋后完全变为红叶，斑纹会变得更明显。作为常绿的灌木，可以用来装点冬季的花园。

花叶夹竹桃
Nerium oleander 'Variegatum'

夹竹桃科
常绿灌木
原产地：印度
树高：4~5m
花期：夏
光照：全日照
耐寒性：中
耐热性：强

富有光泽的深绿色厚叶上带有黄色斑纹。夏季的粉红色花朵与叶片色彩对比鲜明，极具魅力。习性强健，生长快，耐热性及耐旱性强，不喜潮湿的环境。种植在寒冷地区有霜冻的地方应注意防寒。全株有毒，注意不要误食。

夏季生长旺盛，散发出异域情调。

木白菊 '小烟熏'
Olearia axillaris 'Little Smoky'

菊科
常绿灌木
原产地：澳大利亚
树高：30~80cm
花期：春、秋
光照：全日照
耐寒性：中~强
耐热性：中~强

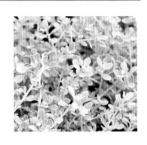

带白毛的银色小叶密集生长。如同草花般的纤细姿态，为组合盆栽增添了别致的色彩，是不可多得的重要植物。不喜高温多湿的环境，应种植在夏季凉爽通风的场所。枝条过度生长时可以适当修剪。

意大利油橄榄 '银骑士'
O. lepidophylla 'Silver Knight' / 白色的茎上长满了绿色的小叶。为株形独特的银叶品种。
树高：约3m

欧洲油橄榄
Olea europaea

木犀科
常绿乔木
原产地：中国以及地中海沿岸
树高：5~15m
花期：初夏
光照：全日照
耐寒性：中~强
耐热性：强

纤细的银色叶片缀满枝条，植株整体散发出清爽的感觉。初夏会开出许多非常好闻的乳白色小花，果实会在秋季成熟。有很多品种，不同品种的外观有所差别。大多数品种很难通过自花授粉的方式结果，如果想要结出果实，应和其他品种杂交。寒冷地区很难露天种植。

油橄榄 '使命'
O. 'Mission' / 枝条略横向生长，叶片的背面偏白，适合作为观赏树。

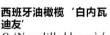

西班牙油橄榄 '白内瓦迪友'
O. 'Nevadillo blanco' / 绿叶柔软，植株冠幅略大，可以用作树篱。

散发浓郁的地中海气息。常绿，十分珍贵。

▲果实

紫叶风箱果'空竹'
Physocarpus opulifolius 'Diabolo'

蔷薇科
落叶灌木
原产地：北美
树高：1~3m
花期：春
光照：全日照
耐寒性：强
耐热性：强

　　紫红色的叶片给花园带来了明亮的色彩。带有粉色条纹的白花呈小球状开放，提亮了周围的景观。花期过后会结出红色的果实，可以作为插花花材。枝条略粗，过度生长时可以修剪部分枝条。习性强健，生长快，几乎没有病虫害。

紫叶风箱果 '小恶魔'
P. opulifolius 'Donnna May' ('Little devil') / 分枝性强，枝条密集着生紫红色小叶。比'空竹'的株形更紧凑。
树高：约1m

金叶风箱果
P. opulifolius 'Luteus' / 新叶金黄色，渐渐变为黄绿色，夏季变为绿色。花朵为白色。
树高：约3m

紫叶风箱果 '复色棕'
P. opulifolius 'Mazeruto Brown' / '空竹'的变种，叶色比'空竹'浅。柔嫩的绿色新叶随着生长会渐渐变为紫红色，到了秋季则变为橙色。树高：约3m

硬尖云杉'蒙哥马利'

Picea pungens 'Montgomery'

松科
常绿乔木
原产地：北美
树高：2~4m
花期：春
光照：全日照~半阴
耐寒性：强
耐热性：中~强

蓝杉的改良品种，生长非常缓慢，株形如金字塔。银色的叶片很漂亮，散发出北国风情。喜阳光充足、排水良好、土壤肥沃的场所，不喜夏季强烈的西晒和高温多湿的环境，因此要种植在凉爽的地方。

花叶马醉木

Pieris japonica 'Variegata'

杜鹃科
常绿灌木或小乔木
原产地：日本
树高：1~4m
花期：春季
光照：全日照~半阴
耐寒性：强
耐热性：强

新叶带有红色的条纹。开放铃兰般的白花，亦有开红色和粉色花朵的品种。是原产于日本的树种，习性强健，好种。枝叶有毒，注意不要误食。

斑叶海桐

Pittosporum tobira 'Variegata'

海桐花科
常绿灌木
原产地：东亚
树高：2~4m
开花期：春
光照：全日照~全阴
耐寒性：中
耐热性：强

油亮的厚叶边缘带有不规则的白斑。常绿树，冬季也可以观赏到绿叶。春季会开出大量散发芳香的小白花，之后会结出圆形的果实，秋季成熟的果实会裂开，里面有红色的种子。原生于沿海地区，所以有着很强的耐潮湿能力，皮实且生长快。

海桐 '银色光泽'
P. tenuifolium 'Silver Sheen'
/ 产于新西兰的海桐花品种，比日本海桐叶片更细小密集，适合用作树篱。在日本关东以西的温暖地区过冬完全没有问题。
树高：约4m

株形紧凑，被广泛运用于空间有限的场合。

◀花

银白杨
Populus alba

杨柳科
常绿乔木
原产地：欧洲中南部、
　　　　西亚
树高：5~20m
花期：春
光照：全日照~半阴
耐寒性：强
耐热性：强

　　银白杨的外观正如它的名字一样，仿佛在树皮的表面涂了一层银白色的涂料。叶片背面覆盖着一层毛毡般的银色茸毛，给人凉爽的印象。生长旺盛，在潮湿的地方亦生长良好，一般作为防风林。雌雄异株，春季会开出绿色的花朵。

火棘'小丑'
Pyracantha coccinea 'Harlequin'

蔷薇科
常绿灌木
原产地：南欧
树高：30~80cm
花期：初夏
光照：全日照~半阴
耐寒性：强
耐热性：强

　　枝条上密生带有白斑的美丽叶片。粉色的新叶会逐渐变为白色，气温下降时叶片的白斑部分又再变为粉色。白色的花朵非常可爱，在适宜的条件下会结出红色的果子。习性强健且生长快，耐修剪，可以修剪成绿植雕塑。枝条上有少量的刺。

▲花

紫叶矮樱
Prunus × cistena

蔷薇科
常绿灌木
树高：1~3m
花期：春
光照：全日照
耐寒性：强
耐热性：强

　　鲜艳夺目的紫红色叶片有着视觉上的冲击美感。生长缓慢，适合小空间种植。老叶会渐渐变绿，夏季是最佳的观叶时期。初春会开出粉红色的小花。自花授粉困难，无法结果，需要两棵以上的植株才可结果。

北美稠李 '贝利的选择'
P. virginiana 'Bailey's Select' / 北美稠李的改良品种，圆锥形的美丽株形。新叶呈绿色，晚春时期会慢慢变为深紫色。带有香味的花朵凋谢后会结出果实，果实不可食用。原产地：北美洲　树高：约5m

▲花

▲果实

金叶夏栎
Quercus robur 'Concordia'

壳斗科
落叶乔木
原产地：欧洲、亚洲、北美
树高：3~7m
花期：春
光照：全日照
耐寒性：强
耐热性：中~强

夏栎的园艺品种，有着鲜艳的金黄色叶片。春季叶片发色得特别好，夏季叶片变绿，秋季再度变回带有红色条纹的黄叶。株形比较紧凑，非常适合种植在花园里。喜阳光充足、排水良好的场所，光照不足的时候叶片会变绿。

叶形独特，带有浓浓的欧罗巴风情。

紫叶夏栎
Q. robur 'Purpurea' / 深红紫色的叶片会慢慢变为暗绿色。生长缓慢。树高：约5m

银边夏栎
Q. robur 'Argenteo-marginata' / 绿叶上有少量的白斑。生长慢慢但种植简单，最适合作为庭院树木。树高：约5m

紫叶蔷薇
Rosa glauca (Rosa rubrifolia)

蔷薇科
落叶灌木
原产地：欧洲
树高：1.5~3m
花期：春
光照：全日照
耐寒性：强
耐热性：中

原生的蔷薇品种。新叶为深古铜色，夏季慢慢变为银色，秋季则稍微变红。春季开出的粉色花朵与叶片突显出对比美，果实也具有观赏性。不耐高温多湿，应种植在光照和通风良好的场所。

茎红色，少刺，能更好地衬托叶色。

花叶杞柳'白露锦'
Salix integra 'Hakuro Nishiki'

杨柳科
落叶灌木
原产地：日本以及朝鲜半岛
树高：2~3m
花期：春
光照：全日照~半阴
耐寒性：强
耐热性：强

新叶粉色，之后渐渐长出白斑。习性强健，生长快速。叶片在夏季易被强烈的阳光灼伤。枝条直立性强且长势好，只要种一棵就可起到很好的效果。自然株形有点凌乱。枝条过密时可以修剪，马上就会长出新的枝叶。

西洋接骨木

Sambucus nigra

忍冬科（五福花科）
落叶灌木
原产地：欧洲、西亚、北美
树高：3~10m
花期：春~初夏
光照：全日照~半阴
耐寒性：强
耐热性：中~强

叶片的缺口较深，别具风情，花朵和果实有香气，因此常作为香料植物。花期过后需要修剪掉拥挤的枝条。如果枝条过度生长，可在冬季修剪掉一半的植株高度。不喜过于潮湿和干燥的土壤。

紫叶接骨木 '黑色蕾丝'
S. nigra 'Black Lace' / 有着美丽巧克力色叶片的细叶品种。花色为粉色。
树高：约4m

西洋接骨木 '黑塔'
S. nigra 'Black Tower' / 古铜色的叶片在夏季也不会褪色。株形紧凑，呈自然的扫帚状，枝条凌乱时修剪起来会很方便。花色为淡粉色。树高：约3m

金叶西洋接骨木
S. nigra 'Aurea' / 耀眼的金叶品种。春季新叶的颜色非常鲜艳，之后会变成石灰绿色。花朵白色，花后会结出红色的果实。
树高：4~6m

银边接骨木
S. nigra 'Albomarginata' / 带白边的叶片随风飘逸。花朵白色。树高：约5m

美丽野扇花

Sarcococca confusa

黄杨科
常绿灌木
原产地：中国
树高：0.5~2m
花期：早春
光照：半阴~全阴
耐寒性：中~强
耐热性：强

带有光泽的绿叶非常清爽。耐阴性强，尤其适合阴生花园或用作地被植物。早春会开出芳香的白色小花，第二年结出红色的果实，之后果实慢慢变成紫黑色。喜排水良好的湿润土壤，在半阴和全阴的环境下都能生长良好。耐修剪。

植株习性强健且株形紧凑，适合作为中矮灌木下方的植物。

花叶六月雪

Serissa japonica 'Variegata'

茜草科
常绿灌木
原产地：中国、印度尼西亚
树高：0.4~1.5m
花期：初夏
光照：全日照~半阴
耐寒性：中
耐热性：强

基部会长出许多分枝，枝条上密生带有白斑的小叶。初夏会开出白中带粉的星形花朵。生长快，分枝性强，易于种植，适合作为树篱。枝条生长旺盛时株形会变得凌乱，可以在春季到秋季期间进行修剪。

萌芽力强，细细的枝叶密集生长，非常适合作为树篱。

茵芋

Skimmia japonica

芸香科
落叶灌木
原产地：东亚
树高：0.3~6m
花期：冬~早春
光照：半阴
耐寒性：中~强
耐热性：中

　　深绿色的叶片带有皮革般的光泽，从秋季开始长出色彩别致的花苞，冬季至次年早春会开出带芳香的小花，花色为白色和红色。雌雄异株，只有雌株能结出果子。茵芋为原生于森林地带的植物，所以喜半阴和湿润的环境。最适合作为树木下方的点缀植物或用于组合盆栽。习性强健且生长快，在寒冷地区冬季需要搬入室内管理。

茵芋 '鲍尔斯矮人'
S. japonica 'Bowles Dwarf' / 超矮生品种。粉色的花苞惹人怜爱。雌株会在冬季结出许多红色的果实。树高：约30cm

茵芋 '魔法马洛'
S. japonica 'Magic Marlot' / 矮生品种，为花量大的花叶茵芋。为雄株品种。树高：约50cm

茵芋 '丝锥'
S. japonica 'Rubinetta' / 刚萌发的花苞为深胭脂色。花朵淡粉色，会渐渐变为白色。为雄株品种。树高：约1m

茵芋 '如贝拉'
S. japonica 'Rubella' / 雄株品种，深绿色的叶片和胭脂色的花苞给人精致的印象。'如贝拉' 是最先普及且最具代表性的茵芋品种。花色为淡粉色。
树高：约1.2m

茵芋 '坦利斯宝石'
S. japonica 'Tansley Gem' / 白色花朵凋谢后会结出大量的红色果实，为雌株品种。树高：约90cm

杂交茵芋 '邱绿'
S. x confusa 'Kew Green' / 柠檬绿色的花苞会开出白色的花朵。半圆形的株形，为雄株品种。树高：约1m

绣线菊
Spiraea

蔷薇科
落叶灌木
原产地：东亚
树高：40~80cm（绣线菊）；
1~2m（麻叶绣线菊）
开花期：春~初夏
光照：全日照
耐寒性：强
耐热性：强

原生于山野的灌木。分枝性强，容易种植。春夏期间会开出一簇簇粉白色的花，秋季叶片会变为红色。生长快，株形容易凌乱，建议花后适当进行修剪。修剪掉老枝条后就会长出健康的新枝条，有利于促进植株更新。

粉花绣线菊 '柠檬公主'
S. japonica 'Lime Mound' / 鲜艳的金黄色叶片，与淡粉色花朵十分搭配。秋季能欣赏到美丽的红叶。树高：约80cm

▲新叶

粉花绣线菊 '烛光'
S. japonica 'Candle Light' / 石灰绿色的叶片与粉色的花朵搭配起来很美丽。秋季能观赏到大红的叶片。树高：40~60cm

粉花绣线菊 '白金'
S. japonica 'White Gold' / 明亮的鹅黄色叶片和白色花朵的组合非常出挑。秋季的红叶也让人惊艳。光照充足时，叶色会更加美丽。树高：约80cm

金焰绣线菊　▲新叶
S. × *bumalda* 'Goldflame' / 深粉色的花朵与石灰绿色的叶片形成鲜明对比。新萌发的叶片为橙色，到了秋天会全部变红。树高：约80cm

金叶桦叶绣线菊
S. betulifolia 'Tor Gold' / 石灰黄的圆叶十分可爱。长势旺盛，可以通过修剪打造紧凑的株形。枝条坚硬。花朵白色。树高：50~70cm

菱叶绣线菊 '粉冰'　花▲
S. × *vanhouttei* 'Pink Ice' / 早春会萌发许多带有粉色条纹的白色叶片。植株长大后整个表面会变白。新叶展开后就会长出粉色的花蕾，开出的纯白色花朵簇拥成一个小球的样子。树高：约1.5m

穗花珍珠梅'将'
Sorbaria sorbifolia 'Sem'

蔷薇科
落叶灌木
原产地：东亚
树高：0.6~1m
花期：初夏
光照：全日照
耐寒性：强
耐热性：强

叶片刚萌发时带有红色条纹，渐渐变成黄绿色，秋季则变为红色。初夏会开出白花，及时修剪掉残花可以促进秋季再次开花。穗花珍珠梅一般高2m以上，这个品种长到1m就能形成紧凑的株形了。

春季的新叶特别鲜艳。

◀花

荷兰榆（黄金榆）
Ulmus ×hollandica 'Dampieri Aurea'

榆科
落叶乔木
原产地：欧洲
树高：6~12m
花期：早春
光照：全日照
耐寒性：强
耐热性：强

春季到秋季都能保持美丽的叶色，随着季节变化会稍有不同。株形为灵巧的圆锥形，适合在小空间种植。喜光照良好、略湿润的场所。叶片会被夏季的强烈光照灼伤。全阴的环境中，叶色会不鲜艳。

灌丛石蚕（水果蓝）
Teucrium fruticans

唇形科
常绿灌木
原产地：地中海沿岸西部地区
树高：0.4~2m
花期：初夏
光照：全日照
耐寒性：中~强
耐热性：强

银色的茎叶上覆有白色的茸毛。从植株基部抽发许多分枝。枝条长势旺盛，耐修剪，可适度修剪造型。如果放任不管的话，可高达2m。尽可能修剪保持在40cm高。初夏会开出淡紫色的花朵。

◀花

花叶地中海荚蒾
Viburnum tinus 'Variegata'

忍冬科
常绿灌木
原产地：地中海沿岸
树高：1~2m
花期：早春~初夏；秋~冬
　　　（一般每年开2次）
光照：全日照~半阴
耐寒性：中~强
耐热性：强

叶片带有白色斑纹，粉色的花苞会开出白色的花朵，秋季结出蓝紫色的果实。植株强健，没有特别的病虫害。耐修剪，适合与茶花、茶梅等一起作为树篱种植。寒冷地区，宜盆栽挪到室内管理。在明亮的地方也可作为室内观叶植物栽培。

天目琼花 '奥农达加尔人'
V. sargentii 'Onondaga' / 落叶灌木。开裂的叶片野趣十足，棕色的新叶和花苞显得很精致。为日本原生品种，习性强健。
树高：约1.5m　花期：初夏

紫叶蔓荆

Vitex trifolia 'Purpurea'

马鞭草科
落叶灌木
原产地：日本
树高：3~5m
花期：夏末~秋
光照：全日照
耐寒性：中
耐热性：强

该品种的特征是叶片的正面为绿色带褐色条纹，反面为别致的紫色。夏季到秋季期间，会伸展出淡紫色的花茎并开花，花后结出圆形的果实。习性强健，但耐寒性较弱，应种植在冬季没有寒风的场所，寒冷地区避免露天种植。

澳大利亚迷迭香

Westringia fruticosa

唇形科
常绿灌木
原产地：澳大利亚东南部
树高：1~2m
花期：春~秋
光照：全日照
耐寒性：中
耐热性：强

外形和普通迷迭香相似，有着温柔的美感。花期长，从春季到秋季会一直开出淡紫色的花朵。耐寒性差，不耐涝。非温暖地区需要在室内种植，平时应注意不要过度干燥。喜阳光充足、排水良好的场所。

花叶地中海迷迭香
W. fruticosa 'Variegata' /
斑叶品种。

柔软丝兰

Yucca filamentosa

龙舌兰科
常绿灌木
原产地：北美
树高：1.5~3m
花期：夏
光照：全日照
耐寒性：强
耐热性：强

耐热性、耐寒性、耐旱性均强，不挑土壤的全能型植物。线状的细叶带有异国风情，装饰效果突出。叶长1m左右。1.5m长的花茎向上生长，会开出直径4~5cm的铃铛形花朵。花色多为白色，略微带点绿色和紫红色的条纹。

与大叶的老鼠簕和开放朴素花朵的矢车菊种植在一起，愈发突显出丝兰的存在感。

锦带花

Weigela florida

忍冬科
落叶灌木
原产地：东亚
树高：1~5m
花期：春~初夏
光照：全日照~半阴
耐寒性：强
耐热性：强

初夏会开出大片红色漏斗形的花朵。喜阳光充足的场所，对土壤没有特别要求。生长旺盛，花后修剪后长出来的枝条来年又会开花。如果想要紧凑的株形，可以花后保留数节新枝条。

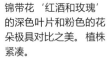

◀ 花

花叶锦带花
W. florida 'Variegata' / 叶片带有美丽的石灰色斑纹。花朵初开的时候呈粉色，之后渐渐变为纯白色。上图就是同时开出粉、白两色的花朵。树高：约3m

锦带花 '红酒和玫瑰'的深色叶片和粉色的花朵极具对比之美。植株紧凑。

锦带花 '红酒和玫瑰'
W. florida 'Wine & Roses' / 精致的古铜色叶片和深粉色的花朵搭配得十分美丽。树高：约1.5m

锦带花 '莫奈'
W. florida 'Monet' / 绿叶带有白色和粉色斑纹。树高：约1m

锦带花 'Java红'
W. florida 'Java Red' / 生长缓慢的深红色叶片品种。花色为深桃红色。树高：约1.5m

金叶锦带花
W. 'Briant Rubidor' / 红色花朵和金黄色叶片组合在一起，极具色彩冲击力。树高：约2m

其他类型的彩叶植物

Other Types

此外，我们还根据受欢迎程度、特定用途等方面总结了观赏草、香草植物等其他类型的彩叶植物。

姿态优美的观赏草

Beautiful Leaf

—— 观赏草 ——

株形蓬松扩展的观赏草，具有纤细修长的叶片和草穗。

四季皆有不同的姿态，给庭院带来美丽的风貌。

Panicum virgatum 'Heavy Metal'

柳枝稷'重金属'

禾本科
落叶多年生植物
株高：1~1.5m
花穗期：夏~秋

日照：全日照
耐寒性：强
耐热性：强

　　灰绿色的叶片非常美观，具有存在感。植株高，直立性好，容易打理。夏秋季长出紫褐色的纤细花穗，晚秋叶片会变黄。非常强健，不管土壤干湿，都可生长。

花穗 ►

花穗 ►

花穗 ►

柳枝稷 '草原天空'
P. virgatum 'Prairi Sky'
叶色为银色略带蓝色。秋季叶片变红并抽生出金黄色的花穗，美丽动人。花穗期：秋

◄ 花穗

'巧克力'
P. virgatum 'Chocolata'
叶片顶端呈巧克力色，秋季叶片和花穗变红，植株整体都呈红色。花穗期：秋

Hordeum jubatum
银芒大麦

禾本科
半常绿多年生植物
株高：40~60cm
花穗期：春~初夏

日照：全日照
耐寒性：强
耐热性：中

略带粉色的银绿色花穗质感轻柔、丝滑，在阳光下闪闪发光。秋季种植花苗，次年春季至初夏可以结出大量花穗。冷凉地区可以顺利度夏。

Muhlenbergia capillaris
粉黛乱子草

禾本科
常绿多年生植物
株高：60~90cm
花穗期：夏末~秋末

日照：全日照
耐寒性：强
耐热性：强

玫红色的花穗仿佛烟雾般散开，长成大植株后可以造就梦幻的场景。坚硬的绿叶在气温下降后变成灰色。如果过度生长导致株形散乱，可以通过修剪植株到根部来重整株形。

Hakonechloa macra
箱根草

禾本科
常绿多年生植物
株高：40~70cm
花穗期：夏~秋

日照：全日照~半日照
耐寒性：强
耐热性：强

初生的新芽特别耀眼，叶片整体都是明亮的金黄色。秋季变成橘黄色。

Phalaris arundinacea
虉草

禾本科
落叶多年生植物
株高：40~100cm
花穗期：夏~秋

日照：全日照~半日照
耐寒性：强
耐热性：强

带有白色花斑的绿叶给人清凉之感，特别喜潮湿环境，多群生于水边湿地。耐寒亦耐热，靠地下茎繁殖。

Melica altissima 'Atropurpurea'
紫叶西伯利亚臭草

禾本科
落叶多年生植物
株高：40~60cm
花穗期：初夏~初秋

日照：全日照
耐寒性：强
耐热性：强

从柔软的叶丛中伸出黑紫色的花茎，非常美观。植株长大后存在感更强，更有观赏价值。习性强健，容易栽培。

Sorghastrum nutans 'Indian Steel'
印第安草'印第安金属'

禾本科
落叶多年生植物
株高：80~120cm
花穗期：夏~秋

日照：全日照
耐寒性：强
耐热性：强

线条纤细的叶片呈金属感的灰色，进入秋季后变成橘黄色。夏季生长出修长的棕色花穗，很美丽。喜全日照、湿润的地方。

Chasmanthium latifolium
野燕麦

禾本科	日照：全日照
落叶多年生植物	耐寒性：强
株高：80~100cm	耐热性：强
花穗期：夏~秋	

夏季结出像小钱币一样的穗，垂吊飘拂。植株直立，株形不易散乱。习性强健，容易栽培，用散落的种子也可以繁殖。

秋季的草穗 ▶

Leymus arenarius
蓝滨麦

禾本科	日照：全日照
常绿多年生植物	耐寒性：强
株高：60~90cm	耐热性：强
花穗期：夏~秋	

蓝绿色的叶片带有银色光泽，可以使花园变得有型。不耐高温多湿，但耐旱。在通风好的地方，要注意控水管理。

Deschampsia caespitosa
发草

禾本科	日照：全日照~半日照
常绿多年生植物	耐寒性：强
株高：60~80cm	耐热性：强
花穗期：夏~秋	

纤细的叶片蓬松繁茂，夏季绿色，秋季变成黄色。修长的花穗上开放米粒般的小花。喜稍微湿润的环境。

Bouteloua gracilis
垂穗草

禾本科	日照：全日照~半日照
落叶多年生植物	耐寒性：中~强
株高：30~50cm	耐热性：强
花穗期：初夏~秋	

又名格兰马草，斜向上开放大量长3cm左右的小型花穗。株形紧凑，容易栽培，不耐过湿的环境，宜在通风良好处栽植。

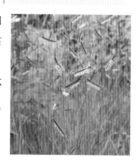

Stipa tenuissima 'Pony Tails'
细茎针茅'马尾'

禾本科	日照：全日照
落叶多年生植物	耐寒性：强
株高：40~60cm	耐热性：强
花穗期：夏~秋	

纤细的叶片随风飘拂，洋溢着浓浓野趣。春季修剪掉上年枯萎的草叶，会促进植株生发大量新叶，返老还青。不耐多湿环境，应种植在排水佳、通风好的地点。

通常流通的两个品种分别是'马尾'和'天使之发'，'马尾'株形比较紧凑。

'易初'
S.ichu
比起'马尾'，花穗颜色更白，植株直立。
株高：约80cm

Pennisetum

狼尾草属

禾本科
常绿多年生植物
株高：50~150cm
花穗期：夏~秋

日照：全日照
耐寒性：因品种而异
耐热性：强

像狼尾巴一样的花穗和细长的叶片非常有特征。生长迅速，不需要施肥。耐寒性因品种而异，在种植前最好确认品种。

'紫梦'
P. setaceum 'Rubrum'
具有光泽的铜色叶片到秋季颜色愈发深厚，和红色花穗搭配起来十分美丽，可以打造优美的景观。不耐寒，冬季需防寒过冬。株高：约1m　耐寒性：弱

狼尾草
P. alopecuroides
园艺品种，细叶绿色，秋季开放美丽的花穗。习性强健，好养。株高：约60cm
耐寒性：强

东方狼尾草 '大布尼'
P. orientale 'Tall Tails'
雪白的长花穗呈现柔美的弧线，具有耐寒性，习性强健，容易栽培。
株高：约1.2m　耐寒性：强

东方狼尾草 '卷发玫瑰'
P. orientale 'Karley Rose'
粉色的花穗非常美丽，叶片也纤细、优雅，和其他植物很好搭配。耐寒性强，容易栽培。
株高：约80cm　耐寒性：强

紫御谷
P. glaucum 'Purple Majesty'
也被称为'紫色谷子'。紫铜色的叶片可营造深沉的氛围，20~30cm长的花穗很独特。耐寒性差，多作为一年生植物栽培。
株高：约1.5m　耐寒性：弱

羽绒狼尾草
P. villosum
夏秋季抽生出柔软的白色花穗，不太耐寒，在温暖地区地下茎可以大量繁殖。
株高：约50cm
耐寒性：中~强

Miscanthus sinensis 'Morning Light'

观赏芒'晨光'

禾本科	日照：全日照
落叶多年生植物	耐寒性：强
株高：40~80cm	耐热性：强
花穗期：秋	

细叶芒的斑叶品种，带有白色斑条的叶片和红色花穗的对比非常美丽。植株不会过度扩张，株形紧凑，容易管理，习性强健。

秋季冒出的红色花穗很有风情，不论日式还是西式庭院都易于搭配应用。

'斑叶芒'
M. sinensis 'Zebrinus'
茎叶上都带有箭头状的黄色横条斑纹，秋季冒出的花穗洋溢浪漫风情。习性强健，株形较大，不太适合小庭院。
株高：约2m

细叶芒
M. sinensis f. *gracillimus*
带有白色斑纹的纤细叶片，宽度不超过5mm，非常纤细、紧凑，不会横向扩张，适合盆栽或小庭院种植。习性强健，易于栽培。
株高：约80cm

Arundo donax var. *versicolor*

花叶芦竹

禾本科	日照：全日照~半日照
落叶多年生植物	耐寒性：强
株高：1.5~2.5m	耐热性：强
花穗期：秋	

叶片带有乳白色的条纹，茎秆像竹子一样坚硬，秋季开放紫白相间的花穗。植株高大，盆栽需要在大型的花器中栽种。耐寒性很强。

在宽阔的地点种植数株，可以打造出壮丽的景色。

Festuca glauca

蓝羊茅

禾本科	日照：全日照
常绿多年生植物	耐寒性：强
株高：20~60cm	耐热性：强
花穗期：夏	

银色略带蓝色的线形细叶很有特色。叶色会因气温、水分、肥料改变而发生变化。耐旱亦耐寒，耐热性也不错。容易栽培，要注意防止高温多湿，叶片受损后剪短可再生。

花 ▶

'金色假发'
F. glauca 'Golden Toupee'
带有黄色的蓝绿色叶片很美观。生长慢，株形紧凑，水分和肥料过多时叶色会偏银色，少水少肥则变黄色。
株高：约20cm

Carex

薹草属

薹草科
常绿多年生植物
株高：30~50cm
花穗期：夏

日照：全日照
耐寒性：强
耐热性：强

如弧线一样给人轻盈观感的观赏草，颜色低调，在欧美地区很受欢迎。耐强烈日照，也耐热，可以在很多地区种植。冬季常绿，一年中均可保持美丽的叶色。小型品种，适合组合盆栽。

棕红薹草
C. buchananii
棕红色的叶片向上伸展，顶端卷曲，植株比较高大。
株高：约50cm

长鞭薹草
C. flagellifera
叶片茶褐色，大型种，习性强健。
株高：约50cm

薹草 '白卷发'
C. comans
'Frosted Curls'
绿叶顶端卷曲，呈银白色，小型品种。
株高：约30cm

亚澳薹草 '杰尼可'
C. brunnea 'Jenneke'
细叶向上伸展，生长慢，小型品种。
株高：约30cm

薹草 '亚马逊迷雾'
C. comans 'Amazonmisut'
茶褐色带绿色的纤细叶片自然弯曲，小型品种。
株高：约30cm

薹草 '铜色卷叶'
C. comans 'Bronz Curls'
柔软的叶尖卷曲，茶褐色，小型品种。
株高：约30cm

薹草 '凤凰绿'
C. comans 'Phenix Green'
沉静的绿色叶片，直立向上延伸，秋冬季变成橘红色或红色。
株高：约50cm

薹草 '永恒金'
C. oshimensis 'Evergold'
带有黄色斑纹的叶片质地厚实，盛夏稍微变成绿色。
株高：约30cm

绽放美丽花朵的彩叶植物

Beautiful Leaf

—— 花卉 ——

兼具美丽的花和叶片，能够同时欣赏花和叶的组合是这类植物的最大魅力。
在花期以外也有欣赏价值。

Centaurea gymnocarpa
绒叶矢车菊

菊科
常绿多年生植物
株高：60~100cm
花穗期：春~初夏

日照：全日照~半阴
耐寒性：中~强
耐热性：强

宿根植物，银色叶片和粉色小花都柔美可爱。习性强健，耐修剪，枝条过度生长的话就回剪到30cm左右的高度。

Penstemon digitalis 'Husker Red'
毛地黄钓钟柳'胡斯克红'

玄参科
半常绿多年生植物
株高：60~100cm
花穗期：春~初夏

日照：全日照~半阴
耐寒性：中~强
耐热性：强

茎叶紫红色，花色淡粉，很有特色。在花后及时修剪以促进植株充实，否则植株容易老化枯死。秋季分株繁殖。

Polemonium yezoense 'Purple Rain'
花荵'紫雨'

花荵科
落叶多年生植物
株高：40~60cm
花穗期：春~初夏

日照：稍半阴
耐寒性：强
耐热性：中

花荵的紫铜色叶片改良种，叶片和清新的蓝紫色花朵形成对比。新芽期叶色近乎全黑，随着生长，叶色慢慢变浅，最终变成绿色。

Veronica 'Oxford Blue'
婆婆纳'牛津蓝'

玄参科
半常绿多年生植物
株高：10~15cm
花穗期：早春~初夏

日照：全日照~
稍半阴
耐寒性：强
耐热性：强

叶片呈古铜色，开深蓝色花朵，呈垫状蔓延生长，可以作为地被植物。花后尽早修剪，可以开出第二轮花。

Dicentra spectabilis 'Gold Heart'
荷包牡丹'金心'

罂粟科
落叶多年生植物
株高：60~80cm
花穗期：春~初夏

日照：半阴
耐寒性：强
耐热性：中

叶片金黄色，初生的叶片艳丽明亮，和粉色花朵对比鲜明。夏季不耐阳光直射和高温多湿。

可爱的心形花朵成串开放。花后尽早剪掉花茎。

叶色美丽的香草植物

Beautiful Leaf

— 香草 —

香草的美妙香味在料理和手工生活用品领域都占有举足轻重的地位。

除了具有独特的香味，香草各种各样的叶片也能够丰富花坛。

Thymus

百里香

唇形科	光照：全日照~半日照
常绿矮灌木	耐寒性：强
株高：10~30cm	耐热性：强
花期：夏	

植株的根部会萌发出许多细小的枝条，从而长成非常茂密的一丛灌木。密集的小叶味道清新，几乎整棵都能开满粉色和白色的花朵。不耐高温多湿的环境，建议在采收的时候顺便修剪枝条。

银斑百里香   **匍匐百里香**

T. vulgaris 'Silver Posie'   *T. serpyllum*

Pycnanthemum muticum

短齿密花薄荷

唇形科	光照：全日照~半日照
落叶多年生草本	耐寒性：强
株高：40~70cm	耐热性：强
花期：夏	

淡紫色的小花被淡绿色的叶片围绕着，很清爽。茎叶会散发出清凉的薄荷香味。这个品种极其强健，几乎不需要管理。

Rosmarinus officinalis

迷迭香

唇形科	光照：全日照~半日照
常绿矮灌木	耐寒性：中
株高：0.2~1.5m	耐热性：强
花期：全年	

带有独特清爽香味的细长叶片十分密集。有直立性、匍匐性和半匍匐性的不同品种。不耐闷热的环境，当枝条交错时应适当修剪，以保持良好的通风。修剪下来的枝条可通过扦插繁殖。

Calamintha grandiflora 'Variegata'

斑叶大花风轮菜

唇形科	光照：半日照
半常绿多年生草本	耐寒性：强
株高：30~40cm	耐热性：强
花期：初夏~秋	

柔软的叶片带有分散的细小斑纹，香味和薄荷很相似。开放大量粉色小花。习性强健，但不耐潮湿的环境，宜种植在通风良好的场所。

叶色和外形都给人一种清爽的印象。尽管株形纤细，却很好养。群植的效果非常好。

Salvia officinalis

鼠尾草

唇形科
常绿~半常绿多年生草本
株高：30~60cm
花期：夏~秋

光照：全日照~半日照
耐寒性：强
耐热性：强

花 ▶

鼠尾草
S. officinalis

　　叶片带有强烈香气，质地非常柔软。茎随着生长会渐渐木质化。不耐高温多湿的环境。花期结束后应修剪掉植株一半的高度，保持通风良好植株就能安全度过夏季。

紫色鼠尾草
S. officinalis
'Purpurascens'

斑叶鼠尾草
S. officinalis 'Tricolor'

黄金鼠尾草
S. officinalis 'Icterina'

Salvia elegans 'Golden Delicious'

凤梨鼠尾草'金冠'

唇形科
半常绿多年生草本
株高：0.8~1.5m
花期：秋

光照：全日照
耐寒性：中
耐热性：强

　　黄绿色叶片和红色花朵形成鲜明的对比。叶片带有甘甜的香味。不耐高温多湿，应确保通风良好。开花后，修剪掉开花枝一半左右的高度。为了让叶片茂盛生长，建议不定期进行修剪。易于扦插。

鲜艳的叶色和类似凤梨的香味使这个品种非常受欢迎。能够打造出饱满茂盛的株形。

Salvia lyrata 'Purple Volcano'

紫弦叶鼠尾草'紫火山'

唇形科
常绿~半常绿多年生草本
株高：30~60cm
花期：春~初夏

光照：全日照~半日照
耐寒性：强
耐热性：强

　　全年均可观赏到深紫色的叶片。这个品种与大多数的木质直立性鼠尾草不同，株形紧凑。白色的小花非常醒目，上扬的花穗也增添了不少存在感。习性强健，耐寒亦耐热。可以通过播种繁殖。

Salvia apiana

白鼠尾草

唇形科
半常绿灌木
株高：1~1.8m
花期：春~初夏

光照：全日照~半日照
耐寒性：中
耐热性：强

　　特征为全白的茎叶。不耐高温多湿的环境，需要在通风良好的场所种植，梅雨季节到来前应将植株修剪掉一半的高度。此外，如果想要培育出紧凑的株形，可以修剪掉多余的枝条。

Origanum
牛至

唇形科	光照：全日照~半日照
落叶多年生草本	耐寒性：强
株高：30~70cm	耐热性：强
花期：夏~初秋	

　　柔软的叶片密集生长，会不断开出粉色的可爱小花。株高适中，适合作为覆盖花坛、地面的植物。耐热性特别突出，但需注意不要过于干燥。

◀花

圆叶牛至 '赫恩豪森'
O. laevigatum 'Herrenhausen'
平时为深紫色的叶片，秋季变为红叶。开花时，深紫色的叶片和粉色的花朵浓淡相宜，十分漂亮。株高：约70cm

金叶牛至
O. vulgare 'Aureum'
牛至的金叶品种。春季到初夏会长出金黄色的叶片，入夏后绿叶增多。
株高：40cm

花叶牛至
O. vulgare 'Variegata'
带有斑纹的小叶园艺品种。不太能耐受强烈的阳光暴晒，夏季需要做好遮阳措施才能安全度夏。株高：约20cm

Lavandula angustifolia
狭叶薰衣草

唇形科	光照：全日照~半日照
常绿灌木	耐寒性：强
株高：30~80cm	耐热性：中
花期：夏	

　　散发出迷人香味的紫色花朵非常受人喜爱，茂密的银叶也十分美丽。叶片和花朵的姿态因品种而异，香味也有所不同。不耐高温多湿，梅雨季节要避免长时间淋雨并保持良好的通风。

◀花

◀花

Perilla frutescens var. *crispa* f. *purpurea*
紫苏

唇形科	光照：全日照~半日照
春播一年生草本	耐寒性：弱
株高：0.5~1m	耐热性：强
花期：夏	

　　在日本常被作为腌制食物的香料。紫黑色的叶片极具个性。花期过后整棵植株长势会变弱，叶片变为令人怜爱的淡粉色，不要摘除全部的叶片。多播种繁殖。

Ocimum basilicum 'Dark Opal'
紫红罗勒 '黑欧泊'

唇形科	光照：全日照
半常绿灌木	耐寒性：弱
株高：30~50cm	耐热性：强
花期：夏	

　　深紫色的叶片略带绿色的条纹，与甜罗勒有同样的香味。茎的顶部会长出紫红色的花穗。尽早摘除花蕾可以促进植株继续生长。如果是小苗，可以将打顶修剪下来的枝条进行扦插繁殖。

Cynara scolymus
洋蓟

菊科
落叶多年生草本
株高：1.5~2m
花期：夏

光照：全日照~半日照
耐寒性：强
耐热性：强

大叶片具有雕刻般的线条，孕育中的花蕾给人充满力量的感觉，可营造出时尚的氛围。花朵紫色，花蕾可作为高级食材使用。

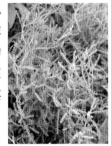
花 ▶

Ruta graveolens
芸香

芸香科
常绿灌木
株高：0.5~1m
花期：夏

光照：全日照~半日照
耐寒性：强
耐热性：强

美丽的蓝绿色叶片带有强烈的芳香。习性强健但不耐闷热。梅雨季前修剪掉拥挤的枝条，确保通风良好。黄色的花朵非常可爱。

花 ▶

Santorina chamaecyparissus
艾伦银香菊

菊科
常绿灌木
株高：20~60cm
花期：夏

光照：全日照
耐寒性：中~强
耐热性：强

散发独特香味的银白色叶片，为整棵植株带来一抹亮色。初夏开始绽放可爱的黄色小花。自然的株形为灌木状，也可以通过修剪将其种植在花坛的边缘或局部。

Foeniculum vulgare 'Purpureum'
紫叶茴香

伞形科
落叶多年生草本
株高：1~2m
花期：夏

光照：全日照~半日照
耐寒性：强
耐热性：强

紫色的叶片在纤细的枝条上蓬松展开，如同一团薄雾，令植株显得格外引人注目。夏季花茎长出后会开出许多黄色的小花。直根系植物，不耐移栽。

Helichrysum italicum
意大利蜡菊

菊科
常绿灌木
株高：40~50cm
花期：夏

光照：全日照~半日照
耐寒性：中~强
耐热性：强

被一层薄茸毛的细叶呈蓝色并带有类似咖喱的香味。由于在闷热的环境中会枯萎，因此梅雨季节前需要修剪掉1/3高度的枝条。喜稍微干燥的土壤，注意避开夏日的西晒。

Fragaria var. *semperflorens* 'Golden Alexandria'
四季草莓'黄金亚历山大'

蔷薇科
半常绿~落叶多年生草本
株高：10~20cm
花期：春~秋

光照：全日照~半日照
耐寒性：强
耐热性：强

金黄色的美丽叶片在夏季会变成鲜艳的石灰色。四季都能结出甘甜的小果实。与其他品种不同，这个品种没有亚种，因此，很少能通过播种繁殖。耐旱性强。

变化多端的甘蓝

Beautiful Leaf

— 羽衣甘蓝 —

前些年，羽衣甘蓝还是以白菜大小的品种为主流品种。近十年来，
除了紧凑的品种之外，还增加了许多不同颜色和形状的新品种，提高了观赏性。

十字花科　　　　　　光照：全日照
一年生或多年生草本　耐寒性：中~强
株高：5~80cm　　　　耐热性：中

羽衣甘蓝是由不结球型的甘蓝品种改良而成
的。轻盈的叶片展开后如同一朵大花，为寒冷的冬
天增添了鲜艳的色彩。入春后枝叶会变得直立，开
出黄色的花朵。开花后植株长势变弱，应在入夏前
尽早地修剪掉花茎，之后会长出数根枝条，又被称
为"会跳舞的甘蓝"。

'双色火炬'

'白金光泽红'

'白蕾'

'晴姿'

'雪伞'

'庆典太鼓'

'节日太鼓'

'光子 黑珍珠'

'光子 皇族'

'光子 黑天鹅'

'花园红宝石'

'钛银'

'凡尔赛 黑卢西恩'

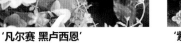

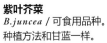

'紫色啤酒花'

紫叶芥菜
B.juncea / 可食用品种。
种植方法和甘蓝一样。

充满野趣的蕨类植物

Beautiful Leaf

— 蕨类 —

蕨类植物不仅是日式花园里的常客，在西式花园里也能展现出别样的风情。
当蕨类植物的叶片随风而动，野趣十足的风景应运而生。

Nephrolepis cordifolia

日本肾蕨

肾蕨科	耐寒性：中
常绿多年生草本	耐热性：强
株高：30~80cm	耐光性：中
光照：半阴	耐旱性：中~强

常绿的多年生植物，向上伸展的茎上长满了对生的小叶。多生于温暖、干燥的地方和棕榈等树上。

Crytomium fortunei

贯众

鳞毛蕨科	耐寒性：强
常绿多年生草本	耐热性：强
株高：0.6~1m	耐光性：中~强
光照：半阴	耐旱性：中~强

习性强健且生长快。三角形的厚叶呈刀刃状，具有坚硬的磨砂质感，为植株增强了冲击感。

Adiantum pedatum

掌叶铁线蕨

铁线蕨科	耐寒性：强
落叶多年生草本	耐热性：强
株高：40~50cm	耐光性：中
光照：半阴	耐旱性：中

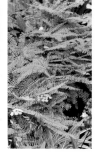

叶片很薄，叶柄为有光泽的褐色。喜半阴、略潮湿的场所。新叶为红色。如果过于干燥，叶片会变得皱皱的。

Sphenomeris chinensis

乌蕨

鳞始蕨科	耐寒性：中
常绿多年生草本	耐热性：强
株高：50~70cm	耐光性：中~强
光照：半阴	耐旱性：中~强

多生于光照良好的山坡上。细叶柔软、开裂，适合用于营造凉爽的氛围。

Dryopteris erythrosora

红盖鳞毛蕨

金星蕨科	耐寒性：中
常绿多年生草本	耐热性：强
株高：50~60cm	耐光性：中~强
光照：半阴	耐旱性：中

从发芽开始一段时间内叶片会有橙色的条纹，之后变成石灰绿色。耐寒性较弱，在寒冷地区无法露天过冬。

Pyrrosia lingua

石苇

水龙骨科	耐寒性：中
常绿多年生草本	耐热性：强
株高：30~40cm	耐光性：中~强
光照：半阴	耐旱性：中~强

原生于岩石上的蕨类。厚实的深绿色叶片略硬，全株表面覆有细毛。金针状的匍匐茎伸展面广。

Athyrium niponicum

日本蹄盖蕨

蹄盖蕨科（岩蕨科）　　耐寒性：强
落叶多年生草本　　　　耐热性：强
株高：30~40cm　　　　耐晒性：中
光照：半阴　　　　　　耐旱性：中

　　日本蹄盖蕨又称犬蕨。带红色叶脉的别致叶片
与不同景致搭配时会有不同的色彩效果。适合应用
于柔软又有色彩层次的灌木丛。

彩叶日本蹄盖蕨
A. niponicum 'Pictum'
绿叶的中间部分为银色，叶柄为深紫色。

日本蹄盖蕨 '锡蕾丝'
A. niponicum 'Pewter Lace'
明亮的银灰色叶片与紫色的叶柄形成对
比美。

日本蹄盖蕨 '幽灵'
A. niponicum 'Ghost'
叶片被银色覆盖，叶柄紫红色，非常
独特。

日本蹄盖蕨 '银色瀑布'
A. niponicum 'Silver Falls'
与其他品种相比叶色更白。

日本蹄盖蕨 '勃艮第蕾丝'
A. niponicum 'Burgundy Lace'
春季萌发的新叶为红色，随后会全
部变为银色。

最受欢迎的观叶植物

Beautiful Leaf

— 花园中常见的植物 —

以下这些彩叶植物在日本的花园里十分受欢迎，
它们的存在令整个景色变得宁静。

Acorus gramineus

金钱蒲

南天星科	光照：半阴
常绿多年生草本	耐寒性：中～强
株高：20~30cm	耐热性：强
花期：春~初夏	

叶片细长，花朵很朴素，因此看上去不太显眼。长枝条的顶部会长出子株并扎根繁殖。喜欢略微潮湿的场所。

Pachysandra terminalis 'Variegata'

花叶富贵草

黄杨科	光照：半阴
常绿多年生草本（灌木）	耐寒性：强
株高：10~20cm	耐热性：强
花期：春	

新叶带有皮革质感的光泽。地下茎生长面积广，最适合作为地被植物。喜半阴和潮湿的场所。阳光强烈时叶片可能会被灼伤，过于干燥会让植株生长停滞。

Polygonum filiforme

花叶金钱草

蓼科	光照：全日照~半阴
落叶多年生草本	耐寒性：强
株高：40~80cm	耐热性：强
花期：夏~秋	

常和茶花搭配使用的山野草。花叶品种，花茎细长，会开出红色的小花。不喜干燥，喜树下等凉爽的场所。习性强健，通过地下茎繁殖。

Polygonatum odoratum 'Variegatum'

花叶玉竹

天门冬科（百合科）	光照：半阴
落叶多年生草本	耐寒性：强
株高：30~80cm	耐热性：强
花期：春	

外缘有白色斑纹的叶片带来阵阵清凉感，白色的小花低垂绽放。粗大的地下茎横向生长繁殖。喜阳，但不喜夏季的炎热干燥，叶片会被强烈的直射阳光灼伤，宜在半阴的场所种植。

Ophiopogon planiscapus 'Nigrescens'

沿阶草'黑龙'

天门冬科（百合科）	光照：全日照~半阴
常绿多年生草本	耐寒性：强
株高：10~20cm	耐热性：强
花期：夏~秋	

黑褐色的细长叶片十分有特色。淡紫色的花朵凋谢后会结出黑色的果实。强健且地下茎繁茂，适合作为地被植物。用于组合盆栽时可突出色彩层次。可以用分株和根部扦插繁殖。

▲花

Aspidistra elatior

一叶兰

天门冬科（百合科）	光照：全日照~全阴
常绿多年生草本	耐寒性：中
株高：0.2~1m	耐热性：中
花期：春	

叶片又长又宽，耐阴性强，是种植在树木下方的常见灌木。有条纹和星状斑纹等不同的斑叶品种。春季会开出不起眼的红色花朵。叶片有杀菌作用，因此常被铺在食物下方。

从拉丁学名了解
植物的特征

动植物都有学术上的命名，即拉丁学名，用属名 + 种名来表示。植物的园艺品种会再添加上品种名。植物的拉丁学名能清楚地描述植物的特征、原产地等信息。这里整理了植物拉丁学名中常见的和颜色、形态等有关的组成成分及相对应的中文解释。

alba 白色	bronze 古铜色	dendroides 树木状
album 白色	burgundy （勃艮第）葡萄酒色	densa,densus 低矮的、浓密的
albus 白色	caerulea 青色	dentatus 齿状
angustifolia 细叶	candicans 亮白色或有白毛	erythro- 赤色
arborescens 树木状	canescens 灰白色	erythrophyllus 赤红色叶片
argentea 银色	cardinalis 绯红色	fastigiata 扫帚状的（树枝向上延伸）
argenteus 银色	coccinea 绯红色	flavum 亮黄色
argyrophylla 银色叶片	colorata(-tum,-tus) 除绿色以外的其他颜色	frutescens 灌木状
atro- 暗黑色	copper 铜色	glauca 灰色
atropurpurea 暗紫色	crimson 深红色	glaucophylla 灰色叶片
atrosanguineum 暗血红色	crispa 有皱纹的、卷曲	incana(-num,-nus) 灰白色的，覆盖着灰白色的软毛
aurea 黄色	cruentus 血红色	laciniata 细裂、裂叶
aurescens 金黄色	decorus 美丽	lutea 黄色

luteum
黄色

luteus
黄色

marmorata
有斑纹

nana
矮

nigra
黑色

nigrescens
变黑

pendula
垂枝（垂下来摆动的枝条）

picta(-tum,-tus)
美丽，彩色

procumbens
匍匐性

prostrata
匍匐延伸

pubens
有细毛

pubescens
有软细毛

pulchellus
漂亮、美丽

pulverulentum
有细粉

pumila
矮、小

pungens
又尖又硬

purpurascens
紫红色

purpurea
紫色

pyramidalis
金字塔形

red
红色

repens
匍匐性

rosea
玫瑰色

roseus
玫瑰色

rubra
红色

rubrifolia
有红色叶片

scarlet
绯色、绯红色

sericea
绢毛状

setaceum
有刚毛

splendens
发光、闪亮

strictus
直立

sulphureus
硫黄色

superbus
气派、壮美

sylvestris
野生、原生、森林地带性

tomentosa
长有茸毛

tricolor
三色

umbellata
伞形花序

unicolor
单色

variegata
带有斑纹

versicolor
杂色

violacea
紫罗兰色

virens
绿色